KB138313

흐르는 것들의 역사

'다빈치'부터 '타이타닉'까지
유체역학으로 바라본 인류사

들의

흐르는 겄들의 역사

'다빈치'부터 '타이타닉'까지
유체역학으로 바라본 인류사

* * * * * * *

송현수 지음

목차

🖋 *History Note*

◆ 들어가며

역사는 미래를 밝히는 등불이다. 우리에게 곧 다가올 미래에 '잘' 살아남기 위해 역사를 돌이켜보는 것은 매우 의미 있는 작업이다. 영국의 사학자 에드워드 카Edward Carr는 저서 <역사란 무엇인가>에서 역사는 '현재와 과거 사이의 끊임없는 대화'라 정의하였다. 우리가 현재라고 생각하는 시점을 현재로 인식하는 순간 그것은 이미 과거가 된다. 이처럼 과거와 현재는 밀접하게 연결되어 있으며, 역사는 단순히 과거의 지나간 일이 아니라 인류의 현재와 미래를 올바르게 인도하는 나침반이다.

인류의 역사를 돌아보기 위해서는 최초 생명체의 출현 시점으로 거슬러 올라가야 한다. 대략 40억 년 전 바다에서 처음으로 생명체가 탄생하였다. 초창기 지구의 대기는 지금과 달리 오존층이 없어 태양으로부터 나오는 치명적인 자외선을 막을 수 없었다. 당시 유일하게 자외선을 피할 수 있는 곳은 바닷속뿐이었다. 또한 태초에 바다가 형성되면서 여러 원소들이 특별한 반응과 변화를 거쳐 생명의 근원이 되는 유기 물질을 만들었다. 그리고 이 물질들이 점차 진화하면서 마침내 최초의 생명이 빛을 본 것이다. 미미한 생명체는 서로 분화된 기능을 수행하면서 점점 더 복잡한 생물로 발전하였다. 이들 중 몇몇 생물은 육지로 올라와서 지속적으로 진화하였고 그중 한 분류는 바로 우리가 되었다. 따라서 인류의 기원은 바다에서 비롯되었다고 할 수 있다.

또한 우리가 살고 있는 지구 표면의 70%는 바다로 이루어져 있다. 그리고 지상으로부터 약 1,000km까지 공기로 둘러싸여 있는 공간을 대기권이라 한다. 모든 인간과 대부분의 생명체는 지금 이 순간에도 대기권 안에서 숨을 쉬고 평생 바다로부터 온 물을 마신다. 이처럼 생존에 있어 가장 필수적인 물과 공기는 인간을 둘러싼 기본 환경이자 언제 어디서나 함께 하는 동반자다. 그러므로 물과 공기처럼 흐르는 것의 과학인 유체역학의 역사는 곧 인류의 역사이기도 하다.

'흐름의 과학'인 유체역학 시리즈 3부작 중 <커피 얼룩의 비밀>은 다양한 음료와 술에 담겨 있는 과학적 원리를 이야기하였고, <이렇게 흘러가는 세상>은 영화, 교통, 스포츠, 요리 등 실생활에 숨어 있는 흐름에 대해 말하였다. 그리고 <개와 고양이의 물 마시는 법>은 자연의 동물과 식물이 거친 야생에서 살아남기 위해 선택하고 진화한 형태와 구조, 생활 양식에 대해 살펴보았다. 흐름에 관한 이야기는 커피 얼룩의 미시 세계에서 현대 사회를 아우르는 거시 세계를 거쳐 광대한 자연의 세계로 이어졌다. 이제 공간의 확장에서 시간의 팽창으로 그 범위를 넓힐 차례다.

들어가며

인류와 오랜 시간을 함께 해 온 유체역학의 역사는 고대로 거슬러 올라간다. 상하수도 기술은 로마를 당대 최강의 제국으로 군림하게 했으며, 미국은 세계 최대 규모의 콘크리트 건축물인 후버 댐을 건설함으로써 경제 대공황을 벗어날 수 있었다. 또한 제1, 2차 세계 대전 중 활용된 항공 기술 중 프로펠러, 제트기 등 다수가 유체역학과 밀접한 연관이 있다. 한편 타이타닉의 침몰, 보스턴 당밀 홍수, 우주 왕복선 챌린저호의 폭발 등 인류사에 뚜렷이 기록된 대형 사건, 사고의 비밀을 푸는 데에도 유체역학은 핵심 역할을 한다. 따라서 이 책은 우리가 더 나은 미래로 나아가기 위해 유체역학이라는 렌즈로 인류의 역사를 되돌아본 관찰기이자 보고서다.

"역사는 모든 과학의 기초이며,
인간 정신의 최초 산물이다."

- 토머스 칼라일 -

1장

제국의 물줄기

로마 제국의 수도교

(기원전 312년)

산꼭대기의 맑은 물이 어디론가 길고 긴 여행을 떠난다. 어떠한 외부의 힘도 없이 물은 높은 곳에서 낮은 곳으로 수로를 타고 자연스레 흐른다. 때때로 산을 통과하기도 계곡을 건너기도 한다. 물은 먼 거리를 이동하지만 오염 없이 최대한 깨끗한 상태를 유지한다. 마침내 로마 제국의 도심 전역에 도착한 물은 화려한 분수, 거대한 목욕탕 등 융성한 고대 로마 문화의 꽃을 활짝 피웠다. 지구 최초의 생명체가 물에서 탄생하였듯이 역사상 가장 번영했던 도시 역시 물로부터 시작되었다.

제국의 물줄기

치수의 힘

황하, 메소포타미아, 인더스, 이집트 등 세계에서 가장 먼저 문화를 꽃피운 4대 문명의 발상지는 모두 북반구에 위치하고 있으며, 기후가 온화하고 기름진 토지를 지닌 지역이다. 그뿐만 아니라 황하, 티그리스-유프라테스강, 인더스강, 나일강 등 큰 강 유역이라는 공통점이 있다. 인류가 한 곳에 정착하여 농경 사회를 이루고 집단으로 거주하면서 생활에 필요한 물을 끊임없이 공급하는 일이 가장 중요한 문제였기 때문이다. 실제로 이집트 및 메소포타미아에서 경작지에 물을 보내기 위해 만든 관개 용수로 irrigation canal의 유적이 발견되었다. 이러한 의미에서 흐름에 대해 연구하는 유체역학의 기원은 물을 공급하는 매개체, 즉 수로 waterway에서 시작되었다고 볼 수 있다.

오늘날 서울의 한강을 비롯하여 영국 런던의 템스강, 프랑스 파리의 센강 등 대부분의 대도시는 큰 강을 끼고 있다. 문명이 아무리 발전해도 수자원으로의 접근성은 사회 전반에 걸친 주요 요소이기 때문이다. 마찬가지로 고대 도시들 역시 주로 물이 풍부한 곳에 세워졌으며, 로마 제국도 예외는 아니다. 초기에는 테베레강과 인근에 있는 샘이 물을 충분히 공급해 주었다.

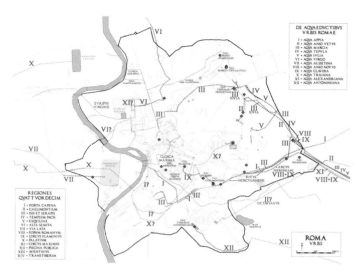

수도교를 통한 물 분배 시스템과 도시 건설부터 서기 4세기까지의 하수도 시스템을
보여 주는 고대 로마 지도

하지만 기원전 4세기 무렵 인구가 급속도로 늘어나며 물에 대한 수요도 급증하였고, 기존 수원으로는 더 이상 수량을 감당할 수 없게 되었다. 당시 로마의 인구는 약 100만 명으로 추정되니 어찌 보면 물 부족 문제는 당연한 수순이었다. 1800년도까지 인구 50만 명이 넘는 도시는 파리, 런던, 베이징, 광저우, 도쿄, 이스탄불 등 6개뿐이었음을 감안하면 더욱 놀라운 일이다.

물을 꾸준히 공급하는 것은 개개인에게는 생존이 걸린 일이고, 도시 전체의 존폐가 걸린 중요한 사안이다. 따라서 로마는 당시 꽤 발전했던 건축 기술을 활용하여 곳곳에 수로를 건설하기

제국의 물줄기

시작하였다. 그리고 일찍이 설치된 공공 수도는 도시 문명의 수준을 그대로 보여준다. 로마 제국이 2,000년 넘게 강대국으로서 위상을 공고히 할 수 있었던 결정적 이유 역시 발달한 상하수도 덕분이었다. '모든 길은 로마로 통한다'는 말처럼 로마는 결국 고대 서양 문명을 대표하는 나라가 되었다. 이처럼 국가를 다스리는 치국(治國)은 물을 다스리는 치수(治水)에서 비롯되었다고 해도 과언이 아니다.

제국을 완성한 수로

　로마는 도심에서 먼 수원지로부터 맑은 물을 끌어와서 목욕탕과 분수 같은 공공 건축물에 공급하고, 시민은 마을 구석에 있는 급수장에서 물을 길었다. 당시 로마 시민 한 명의 1일 물 사용량은 약 180리터였는데, 이는 오늘날 이탈리아의 1인당 물 사용량인 234리터와 큰 차이가 없을 정도다. 심지어 기원후 1세기 로마에는 1985년의 뉴욕보다 훨씬 많은 물이 공급되었다고 전해진다.

　이처럼 경이로운 급수는 수로 덕분에 가능했다. 그리고 수로를 건설하고 물을 효과적으로 운반하기 위해 건축학과 유체역학 지식이 총동원되었다. 우선 적당한 크기와 형상의 수로를 설계하기 위해 최적의 경사도와 수압을 계산해야 했다. 또한 수로의 벽면과 물에서 발생하는 마찰 저항을 고려해야 했는데, 여기에서 유체역학에 대한 기초적인 원리의 발견과 기술 발전이 이루어지기 시작하였다.

　상수도 시설의 원활한 이용을 위해서는 수로의 정밀한 설계와 엄격한 관리가 필요하다. 수로의 주목적은 첫째 물을 멀리, 둘째 깨끗하게 보내는 것이기 때문이다. 수원지의 높이는 정해져 있으므로 물을 최대한 멀리 운송하기 위해서는 매우 완만한 경사를 만들어야 한다. 물은 중력에 의해 항상 조금이라도 높은 곳에서 낮은 곳으로 흐르기 때문이다. 심혈을 기울여 건설한 수로의 경사도는 0.2~0.5%로, 이는 물이 1m 이동하는 데 낙차가 2~5mm에 불과할 정도로 매우 정교한 수준이었다. 다시 말해 이상적으로 이 경사도가 유지될 경우 20~50m의 낙차만 있다면 물을 10km까지 운송할 수 있다.

당시 경사도를 측정하는 도구로 코로바테스^{chōróbátes}, 우리말로 수준기(水準器)라 불리는 장비를 이용하였다. 이는 수직 방향의 추를 가지고 수평선 또는 수평면을 확인하는 기구로 오늘날까지 같은 원리의 장비가 사용되고 있다. 또한 고대 그리스 최고의 수학자이자 발명가 헤론^{Heron}이 만든 각도계 디옵트라^{dioptra}는 토지의 정확한 측량에 중대한 역할을 하였다. 그뿐만 아니라 헤론은 삼각형 세 변의 길이로부터 넓이를 구하는 헤론의 공식^{Heron's formula}을 만들었으며, 동전을 넣으면 성수^{holy water}가 나오는 자동판매기, 외력 없이 유압과 공압만으로 작동하는 헤론의 분수^{Heron's fountain} 등 다양한 기계 장치를 발명하였다.

한편 물을 멀리서 무사히 끌어왔어도 중간에 오염되었다면 무용지물이다. 따라서 1차적으로는 깨끗한 수원지를 찾는 작업이 필수이고, 수로 중간에 침사지^{settling basin}를 두어 이물질이 가라앉도록 하였다. 그리고 외부로부터의 오염을 막기 위해 수로에 지붕을 덮기도 하였다.

기원전 312년 최초의 수로인 아쿠아 아피아^Aqua Appia^가 건설되었고 서기 226년까지 5세기 동안 총 11개의 수로가 완공되었다. 수로의 총 연장 길이는 약 800km에 달하였는데, 이는 서울시 둘레길의 5배에 해당하는 어마어마한 길이다. 또한 일부 수원지는 도심으로부터 90km나 떨어져 있었다.

수로를 통해 로마 시내에 전해진 물은 856개의 공공 목욕탕과 1,352개의 분수를 만드는 기폭제가 되었다. 당시 목욕탕은 단순히 몸을 씻는 곳을 넘어 요즘의 복합 문화 공간에 가까웠다. 대규모의 목욕탕 안에는 체육 시설이 있어 간단한 운동을 할 수 있었으며, 사우나와 마사지는 물론 독서와 음주까지 할 수 있었다. 고대 로마가 사회적, 문화적으로 얼마나 풍요로웠는지 보여주는 단면이다.

로마에 처음으로 지어진 공공 목욕탕은 기원전 19년에 완공된 수로 아쿠아 비르고^Aqua Virgo^를 통해 물을 공급받았다. 이 수로의 건설자는 황제 아우구스투스^Augustus^의 친구이자 미대 지망생이면 누구나 한 번쯤 초상화를 그려봤을 석고상의 실제 모델 마르쿠스 아그리파^Marcus Agrippa^다. 아그리파는 수도 시설을 정비하고 확장하는 데 막대한 사유 재산을 쏟아부었다. 덕분에 아쿠아 비르고는 11개의 수로 중 유일하게 현재까지 물을 흘려보내는 기능을 하고 있으며, 세계에서 가장 유명한 분수인 트레비 분수^Trevi Fountain^에도 물을 공급하고 있다. 이처럼 로마 제국 때 건설된 수로의 일부는 현재도 유럽 각 지역에 유적으로 남아 있다.[1]

높이가 49m에 달하는 '퐁 뒤 가르'는 수도교 중 가장 높고, 잘 보존되어 있는 건축물 중 하나다.

현대 사회에도 도로를 낼 때 산으로 막혀 있으면 터널을 뚫고 계곡에는 다리를 놓듯이 고대 로마도 수로를 같은 방식으로 연결하였다. 강이나 계곡처럼 지대가 낮은 곳을 지날 때는 다리를 놓았는데, 이 다리가 바로 수도교aqueduct다. 수도교는 다리 위에 수로를 놓은 형태로 계곡의 깊이에 따라 1층에서 3층까지 쌓았다. 이때 최소한의 재료로 튼튼한 다리를 짓기 위하여 중력을 분산시키는 아치arch 구조를 이용하였다. 아치는 활 모양으로 힘이 모서리에 집중되는 직각 구조보다 하중을 잘 견디며, 이를 3차원으로 확장하면 반구형 지붕인 돔dome이 된다. 아치형 수도교 중 가장 널리 알려진 프랑스 남부의 퐁 뒤 가르 수도교는 무려 49m 높이의 3층 아치 구조로 아직도 부분적으로 급수 기능을 수행하고 있다.

역사이펀 작용

　바람이 고기압에서 저기압으로 부는 것처럼 유체는 항상 압력이 높은 곳에서 낮은 곳으로 움직인다. 마찬가지로 물도 압력 차이만 있다면 지대가 낮은 지역에서 높은 지역으로 역류할 수 있다. 하지만 인위적인 압력으로 유체를 이동시키는 펌프가 발명되기 전에는 자연 현상을 이용할 수밖에 없었다.

　수로가 계곡을 지날 때 하강과 상승을 피하기 위해 수도교를 짓기도 하였지만 공사가 여의치 않으면 다른 방식으로 물을 흘려보냈다. 바로 역사이펀^{inverted siphon} 작용이다. 일단 사이펀은 대기압을 이용하여 높은 곳에 있는 액체를 중력에 반하여 위로 끌어올린 다음 아래쪽으로 계속 이동시키는 연통관을 말한다. 높은

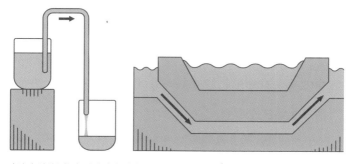

사이펀 현상(좌)과 역사이펀 현상을 이용하여 계곡을 건너는 수로(우)

위치의 액체 표면에 작용하는 대기압은 사이펀 내의 압력보다 높기 때문에 초기에 관의 반대편 끝을 한 번만 흡입하면 액체가 저절로 움직인다.

사이펀의 원리는 매우 오래전부터 활용되었는데, 대표적으로 고대의 유압 기기인 헤론의 분수가 있다. 헤론의 분수는 외부 에너지 없이 물이 뿜어져 나오는 장치로, 대기압을 이용해 위치 에너지를 운동 에너지로 전환시키는 원리로 작동한다. 현대 사회에서 사이펀을 가장 쉽게 찾아볼 수 있는 곳은 화장실이다. 양변기에 물이 저절로 차고 비워지는 원리가 바로 사이펀 작용이다. 또한 맥주나 와인을 주조할 때 위에 뜬 찌꺼기나 거품 등을 간단히 제거하는 데에도 사이펀이 쓰인다.

사이펀을 이용한 물건 중 계영배(戒盈杯)라는 독특한 술잔이 있다. 가득 차는 것을 경계한다는 뜻으로 잔에 술을 70% 이상 따르면 압력 차이로 인해 잔 중앙의 기둥 속에 숨은 관으로 술이 모두 샌다. 과유불급(過猶不及)이라는 사자성어를 그대로 보여주는 술잔이라 할 수 있다. 조선 시대 임상옥은 도공 우명옥이 만든 계영배를 평생 곁에 두고 과욕을 경계하여 최고의 거상이 되었다는 이야기가 전해진다. 참고로 서양의 피타고라스 컵^{Pythagorean cup} 역시 동일한 원리다.

하지만 사이펀 작용의 정확한 원리는 최근까지도 확실한 결론이 나지 않았다. 현재 두 가지 가설이 존재하는데, 첫째는 유체가 사이펀 출구로 나오면서 사이펀의 윗부분에 거의 진공 수준의 저압이 형성되고 동시에 입구의 대기압이 유체를 밀어 올린다는 가설, 둘째는 사이펀 출구로 떨어지는 유체의 질량이 사이펀 내 존재하는 유체에 인력을 가하여 유체가 끌려온다는 가설이다.

사이펀이 초기 위치에서 담장 등을 넘기 위해 더 높은 곳으로 올라갔다가 다시 내려오는 ∩자 형태라면, 역사이펀은 계곡에서처럼 아래로 내려갔다가 다시 올라오는 ∪자 형태다. 사이펀과 역사이펀 작용은 대기압이 공기를 누르는 힘에 의해 물이 배관을 통하여 높은 곳에서 낮은 곳으로 흐른다는 공통점이 있지만, 중간 경로의 모습은 서로 반대다. 납으로 만든 폐쇄형 수로는 역사이펀 작용으로 계곡을 건너 물을 운송할 수 있었다.

로마 제국의 수로가 고대 도시의 중추적인 역할을 하였듯이 오늘날 송유관^{oil pipeline}은 현대 문명의 근간을 이루어 국가 경제의 에너지 대동맥이라 불린다. 혈관이 막히면 몸에 이상이 생기는 것처럼 송유관이 제 역할을 하지 못하면 사회는 순식간에 마비된다. 공업은 물론 농업, 수산업, 제조업, 운송업, 전력 생산 등 현대의 모든 산업은 석유 자원을 기반으로 하고 있기 때문이다.

도심이 발달하고 복잡해짐에 따라 지상의 공간을 최대한 활용하기 위해 주요 인프라가 땅속으로 파묻히게 되었는데, 철도가 지하철로, 수로가 수도관으로, 전봇대가 지중 선로로 바뀐 것이 그 예다. 그리고 물 다음으로 중요한 액체인 석유 역시 주로 땅속에서 이동하고 있다.

송유관이 건설되기 전에는 석유의 운송을 대부분 선박, 기차, 화물차에 의존할 수밖에 없었다. 이는 높은 비용이 지속적으로 들기 때문에 경제성 측면에서 매우 비효율적이다. 석유를 나르기 위해 석유를 소비해야 하는 아이러니한 상황인 것이다. 반면 송유관은 초기 건설 비용이 많이 들지만 한번 설치한 이후에는 부식되지 않는 한 거의 비용이 들지 않고 운송 시간의 제약도 없다.

송유관은 현대 물류 시스템을 획기적으로 개선하여 언제든 석유 수송을 가능하게 하였다. 전쟁으로 드러난 땅에서 보이는 송유관

인류 역사상 최고 부자였던 존 록펠러^{John Rockefeller}는 철도로 운송하던 석유를 송유관으로 대체하여 한때 미국 내 정유소의 95%를 지배하였다.

또한 송유관은 기상 악화에 따른 위급 상황에서도 석유를 안정적으로 공급할 수 있다는 장점이 있다. 국가 간 충돌이 생겼을 때 에너지 안보^{energy security}를 확보할 수 있다는 점도 매우 중요한 요소다. 따라서 현재 우리나라 석유 사용량의 약 60%가 송유관을 통해 이동한다. 일반적으로 송유관의 직경은 수십 센티미터이며, 두께는 1cm 내외다. 재질은 강철이며, 내부는 폴리에틸렌으로 코팅하여 부식을 방지한다. 그리고 6.6 규모의 지진에도 견딜 수 있게 설계되었다.[2]

송유관을 고대 수로처럼 미세한 낙차를 두어 운송하는 것은 비효율적이다. 그리고 낙차가 없으면 배관 안을 흐르는 점성 액체는 마찰에 의해 필연적으로 압력이 점점 낮아지고 마침내 대기압과 같아지면 더 이상 흐르지 않는다. 미국 프린스턴대학교 기계공학과 교수 루이스 무디Lewis Moody가 만든 무디 차트Moody chart를 이용하면 주어진 유동 조건에서 마찰 계수를 고려하여 압력 강하pressure drop를 비교적 정확히 계산할 수 있다. 압력 강하는 석유의 장거리 운송을 불가능하게 만드므로 송유관 중간에 압력을 가하는 펌프를 두어 석유를 수송한다.

우리나라의 송유관은 주요 고속도로 아래에 나란히 매설되어 있으며, 총 길이는 약 1,200km로 전국의 핵심 지역을 모두 아우른다. 거리가 먼 만큼 석유를 운송할 때의 압력 역시 40기압에 달하는데, 이는 소방차 수압의 4배 정도다. 또한 40기압은 송유관에 손가락만큼 구멍을 냈을 때 수백 미터 높이까지 치솟을 수 있는 고압이므로 송유관이 파손될 경우 무척 위험하다.

정유사는 석유의 운송 도중 도난을 막기 위해 송유관 내 압력의 미세한 변화를 실시간으로 측정하고 감시한다. LDS(Leak Detection System)는 압력과 유량을 이용해 누유(漏油)나 도유(盜油) 여부를 확인하는 시스템이다. 또한 2016년부터 송유관에 센서를 설치해 압력과 유량뿐 아니라 온도, 비중의 변화를 탐측 및 분석하고 있다.

한편 맥주의 본고장 독일에서는 물이나 석유가 아닌 맥주도 관을 통해 운송한다. 맥주 공장에서 한 축구장에 있는 펍까지 약 5km나 되는 거리를 송유관처럼 보내는 것이다. 또한 2016년 9월에는 벨기에 브뤼헤에 3km 길이의 맥주 관이 완공되어 도로의 맥주 트럭 교통량을 획기적으로 줄인 사례도 있다.

제국의 물줄기

더 깨끗한 물을 위하여

고대에 이미 상수도 시설이 정비되었지만 16세기 유럽 도시의 가장 큰 문제는 여전히 마실 물이 부족하다는 것이었다. 영국 런던은 템스강의 오염으로 강물을 마실 수 없게 되어 먼 곳에서 깨끗한 물을 끌어와야 했다. 이를 위해 1613년 수도 회사 뉴리버 New River가 설립되었다. 뉴리버는 런던 전역에 상수도관을 설치하고 가정에 물을 공급하기 시작하였다. 회사 이름 그대로 런던 시민들에게 새로운 강이 된 것이다.

1830년대에는 유럽에 콜레라가 크게 유행하면서 수많은 사상자가 발생하였다. 콜레라는 역사상 처음으로 빠르게 전 세계로 확산된 질병이다. 초기에는 오염된 공기를 통해 콜레라가 전염된다는 의견이 지배적이었으나 영국의 의사 존 스노John Snow가 콜레라의 원인이 깨끗하지 않은 물임을 밝혔다. 이때부터 수질에 대한 관심이 높아져 오염에 더욱 주의를 기울이기 시작하였다. 19세기 중반부터 몇몇 나라는 물을 모래층에 천천히 통과시켜 맑게 만드는 정수 처리 방식을 도입하였다. 정제된 수돗물을 얻기 위한 인류의 도전은 그 이후로도 계속되었다.

1880년대 독일과 네덜란드를 중심으로 오존의 살균 효과가 증명된 이후, 여러 나라에서 정수 과정에 오존을 사용하였다. 하지만 오존은 효과가 오래 지속되지 않는다는 단점이 있다. 1902년에는 벨기에에서 세계 최초로 수돗물의 염소 소독을 시작하였다. 현재 수돗물을 살균 및 소독하는 방식 중 가장 많이 사용되는 것이 바로 염소다. 염소를 물에 녹이면 산화력이 강한 하이포아염소산hypochlorous acid이 생성되어 발생기 산소를 만드는데, 이는 미생물의 세포막을 침투하여 살균 및 표백 작용을 한다.[3]

21세기 들어서도 세계 각국은 수천 년에 걸쳐 몸소 배운 맑은 물의 중요성을 잊지 않고 수질 관리를 위해 다양한 노력을 기울이고 있다. 독일은 제2차 세계 대전 이후 공장 폐수와 각종 생활 하수로 라인강의 수질이 악화되자 중금속 유출을 규제하는 법안을 마련하였다. 또한 총 1,320km 길이의 라인강은 독일뿐 아니라 벨기에, 스위스, 네덜란드 등을 경유하므로 인근 국가들은 라인강 보존을 위한 국제위원회International Commission for the Protection of the Rhine를 설립하여 생태계를 관리하고 있다. 이로 인해 한때 사라졌던 연어가 되돌아오는 등의 성과를 거두었다. 라인강의 기적Miracle on the Rhine이 단순히 경제 성장만을 의미하는 것은 아니었다.

또한 미국 뉴욕은 문제의 사후 해결보다는 근본적인 원인에 집중하고 있다. 오염된 물을 정수하기 이전에 먼저 물이 더러워지지 않도록 관리하는 것에 초점을 맞춘 것이다. 그 일환으로 수원지 상류에 숲을 조성하고 토양을 개선하는 등 자연적인 정화 작

물고기들이 살 수 없을 정도로 오염되었던 라인강은 수질 정화 사업으로 사라졌던 연어가 돌아오는 기적을 일구었다.

용에 10억 달러의 예산을 투자하였다.

한편 과학자들은 미세 기포를 활용하여 수질을 개선할 수 있는 기술을 연구하고 있다. 작은 공기 방울을 물에 다량으로 투입하여 생물학적 및 물리적 처리에 필요한 산소를 공급하는데, 이는 철, 망간뿐만 아니라 냄새, 맛 등을 제거하는 데 효과가 있다. 초미세 기포 발생기로 물의 용존 산소량을 높임으로써 물을 정화하는 데에 일조하는 것이다.[4]

현 인류는 지구 반대편에서 벌어지는 축구 경기를 실시간으로 시청하고, 머나먼 화성을 탐사하는 놀라운 기술의 시대에 살고 있다. 하지만 수천 년 동안 이어져 온 깨끗한 물의 안정적 공급이라는 문제는 여전히 해결되지 않았으며, 앞으로도 관심 있게 살펴봐야 할 전 세계인의 숙제다.

2장

✳

다빈치의 유산

예술과 과학은 하나

(1452~1519년)

인류 역사에서 예술과 과학, 두 분야에 뚜렷한 족적을 남긴 다빈 치의 다재다능함을 보여주는 유명한 일화가 있다. 서른 살 무렵 일 자리를 구하던 그는 이력서에 교량과 수로, 대포 등을 설계할 수 있 다고 자신의 공학적 능력을 한참 강조한 후, 마지막에 다음과 같이 한마디 덧붙였다. "그림도 조금 그릴 줄 안다."

다빈치의 유산

예술과 과학 사이

　예술은 그 기원을 찾기 위해서 인류사를 한참 거슬러 올라가야 할 정도로 오랜 기간 인간과 함께 해왔다. 초기 예술은 동굴 벽에 색깔 있는 흙으로 들소, 사슴, 말 등 사냥감을 그린 데에서 시작하였고, 이후 그 대상은 점차 확장되었다. 인물을 그리는 초상화, 사물을 그리는 정물화에 이어 자연을 그리는 풍경화가 탄생한 것은 지극히 자연스러운 현상이었다.

　16세기까지 서양에서 풍경은 주로 인물화나 종교화의 배경으로 그려졌으나 17세기 들어 네덜란드의 화가 렘브란트 반 레인 Rembrandt van Rijn 등이 본격적으로 풍경을 주인공으로 한 풍경화를 그리기 시작하였다. 한편 동양에서는 서양보다 1,000년 이상 앞선 중국 남북조 시대부터 산수화라 불리는 풍경화가 주류를 이루었다. 동양은 예로부터 철학적으로나 종교적으로 자연에 대한 관심이 많았기 때문이다.

　세상의 다양한 풍경은 화가들의 눈길을 사로잡았다. 과학자들이 호기심 어린 눈으로 자연을 탐구하고 원리를 파헤쳤듯이 화가들 역시 자연의 모습을 세심히 관찰하고 부지런히 캔버스로 옮겼다. 이처럼 예술가와 과학자는 각자 자신만의 관점으로

<성이 있는 풍경>은 품위 있는 구성과 풍부한 모티프로 렘브란트의 가장 뛰어난 작품 중 하나로 평가받는다.

자연이라는 대상을 바라보고 이해하며 해석하기 시작하였다.

흔히 예술은 감성을 대표하는 영역이고 과학은 이성을 대표하는 영역이며, 이 둘은 교집합이 거의 없는 이질적인 분야라 여긴다. 하지만 일반적인 생각과 달리 예술과 과학은 깊은 관계를 맺고 있다. 예술이라는 단어의 어원부터가 그렇다. 예술을 뜻하는 'art'는 라틴어의 'ars'에서, 'ars'는 희랍어 'techne'에서 유래했는데, 'techne'는 오늘날 과학 기술을 뜻하는 'technic'의 어원이기도 하다. 즉 예술과 과학 기술은 한 뿌리에서 뻗어 나온 셈이다.

또한 예술과 과학은 또 다른 공통분모를 가지고 있는데, 바로 관찰력과 창의력이다. 이 둘은 모두 자연을 애정 어린 시선으로

다빈치의 유산

'관찰'하고, 이를 통해 기존에 존재하지 않는 것을 창조하는 '창의'를 필요로 한다. 오랜 시간 자연을 집중하여 바라보고 그로부터 영감을 얻어 성과물을 내는 작업이라는 점에서 예술과 과학은 하나다.

현대의 과학자들은 예술 작품을 정량적으로 분석하기도 하며, 예술가들은 미디어 아트 같은 과학 기술을 응용한 작품도 활발히 제작하고 있다. 1981년 노벨 화학상을 수상한 로알드 호프만Roald Hoffmann은 '화학자는 만들어질 분자를 선택하며, 분자를 합성하는 일은 예술과 별반 다르지 않다.'라고 말하였다. 이처럼 자연을 대상으로 한 예술과 과학은 끊임없이 영향을 주고받으며 발전하고 있다.

다빈치 노트

~~~~~~~~~~~~~~~~

인류 역사에서 예술과 과학 두 분야 모두에 가장 큰 업적을 남긴 인물은 이탈리아의 예술가이자 과학자 레오나르도 다빈치 Leonardo da Vinci다. 그는 회화와 조각은 물론 건축, 물리학, 지질학, 해부학, 수학, 심지어 철학과 시, 작곡, 육상에 이르기까지 다양한 분야에 재능을 가지고 있었다. 그뿐만 아니라 키도 매우 크고, 외모와 목소리도 매우 빼어났다고 한다.

다빈치는 어려서부터 조각가이자 화가였던 안드레아 베로키오 Andrea Verrocchio로부터 여러 수련을 받았으며, 이때부터 예술적 잠재력을 지니고 있었던 것으로 보인다. 그는 대화가이자 과학자로 성장하기 위해 다방면의 지식을 습득하였는데, 원근법, 광학, 해부학, 심지어 기계 장치 및 수리 공학도 훗날 다빈치의 작품에 많은 영향을 주었다.

다빈치의 업적을 구체적으로 살펴보면 먼저 예술 분야에서 불세출의 작품을 남겼다. <모나리자>는 전 세계에서 가장 유명한 미술품이자 가치 있는 미술품으로 인정받고 있으며, <최후의 만찬>은 유네스코 세계문화유산으로 지정되었다. 또한 다빈치는 비행기와 헬리콥터를 고안하고 콘택트렌즈의 개념을 제안하는 등 발명가이자 엔지니어로서 과학 분야에도 뚜렷한 업적을 남겼다. 예술사와 과학사의 뿌리를 찾아 거슬러 올라가다 보면 15세기 다빈치의 시대에서 서로 다른 나무의 뿌리가 붙어서 하나의 나무가 된 연리근처럼 만나는 것을 알 수 있다.

다빈치는 뛰어난 그림 실력을 바탕으로 수많은 과학적 아이디어를 자세히 스케치하여 기록으로 남겼다. 72쪽 분량의 자필 노트 '코덱스 레스터Codex Leicester'는 1994년 크리스티 경매에서 마이크로소프트의 창업주 빌 게이츠Bill Gates에게 3,080만 달러(약 340억 원)에 낙찰되어 화제가 되었다. 참고로 코덱스 레스터라는 이름은 1717년 이 노트를 구입한 레스터 백작의 이름에서 유래했다.

다빈치는 노트에 인체에 관한 스케치를 여럿 남기기도 했다.

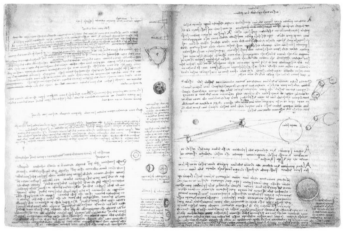

'코덱스 레스터'는 지독한 메모광이었던 다빈치가 1504년부터 1508년까지 작성한 친필 노트의 모음집이다.

그는 당시만 해도 금기시되었던 시신 해부를 통해 장기에 대한 연구를 수행했다. 30여 구가 넘는 시신의 장기를 꺼내 흐르는 물에 씻은 후 주사기로 액체를 투입시켜, 원래 모양을 유지한 장기를 스케치하였다.

이 과정을 통해 다빈치는 인체에서 가장 중요한 장기인 심장의 구조를 명확히 알 수 있었다. 다빈치의 해부학 그림에서 관상동맥에 대한 묘사는 관찰의 중요성과 정확성을 보여 준 교과서적인 예라고 할 수 있다. 그는 각 동맥 분기점의 가지와 크기 분포를 최초로 연구했으며, 육안으로 볼 수 없을 때까지 혈관의 크기가 지속적으로 감소한다는 점을 설명하였다. 또한 심혈 관계에 대한 연구 과정에서 다빈치는 심장에 4개의 방이 있다는 것을 알게 되었고, 이를 노트에 생생하게 묘사하였다. 그는 아마도 심장의 구조와 작동에 매료되었던 것으로 보인다.

단단한 근육으로 이루어진 심장은 1분에 60~80회 정도 수축과 이완을 반복하며 혈액을 내뿜고 다시 받아들인다. 구체적으로 살펴보면 좌심방에서 좌심실을 거쳐 대동맥을 통해 온몸으로 뻗어 나간 혈액은 인체를 순환한다. 이후 혈액은 대정맥을 통해 심장의 우심방, 우심실을 거쳐 이번에는 폐로 이동하여 산소를 공급받는다. 산소를 얻은 혈액은 다시 좌심방으로 돌아와서 순환 과정을 반복한다.

이와 같이 혈액은 한 방향으로만 흘러야 하기 때문에 역류하

다빈치의 유산

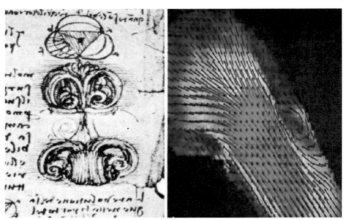
다빈치가 심장 판막 주변의 소용돌이를 묘사한 그림(좌)과 좌심실에서 나가는 혈액의 MRI로부터 얻은 속도장(우) (M. Gharib et al., 2002)

지 않도록 심방과 심실 사이에 밸브 역할을 하는 판막이 존재한다. 좌심방과 좌심실 사이에는 두 개의 판막으로 이루어진 이첨판bicuspid valve이 있으며, 우심방과 우심실 사이에는 세 개의 판막으로 이루어진 삼첨판tricuspid valve이 있다. 다빈치는 심장의 수축과 이완에 따라 삼첨판이 열리고 닫히는 원리에 대해서도 기록하였다.

다빈치가 심장과 판막에 대해 남긴 기록은 500년이 지나 한 연구진에 의해 재조명되었다. 자연계에서 일어나는 유체역학 현상을 주로 연구하는 미국 캘리포니아공과대학 항공공학과 모테자 가립Morteza Gharib 교수는 생물학과 및 미술사학과 연구진과 함께 심장 판막에서 일어나는 와류 현상에 대한 다빈치의 아이디어를 자기공명영상법^{MRI, Magnetic Resonance Imaging}을 통해 입증했다. 자기공명영상법은 자력에 의하여 발생하는 자기장을 이용하여 신체 특정 부위의 단층상을 얻을 수 있는 기법으로 오늘날 의학에서 매우 활발히 사용되고 있다.[1]

다빈치는 카메라조차 없었던 당시 기술력의 부족으로 비록 실제 혈류의 모습은 보여줄 수 없었지만 심장과 동맥 내에서의 흐름은 온전히 이해하고 있었던 것이다. 이처럼 다빈치가 의학 역사상 처음으로 심장과 혈관에서 혈액의 흐름에 대한 기록을 남김으로써 혈류역학 분야가 개척되고 순환기 질환 연구가 본격적으로 이루어졌다.

혈액은 우리 몸속에서 어떻게 흐르고 있을까? 비유하자면 혈류는 배관 안을 흐르는 물과 유사한 점을 가지고 있다. 펌프의 압력으로 배관을 통해 물을 운송하듯이, 심장 박동을 통해 분출된 혈액은 혈관을 타고 신체의 구석구석으로 전달되고 다시 심장으로 되돌아온다. 심장은 펌프, 혈관은 배관, 혈액은 유체에 해당하는 셈이다. 이러한 유사성을 이용해 인공 심장, 인공 혈관, 인공 혈액 등을 개발하는 연구에 유체역학이 중요한 역할을 한다.

이처럼 심장을 중심으로 온몸을 순환하는 혈액의 움직임을 연구하는 학문을 혈류역학hemo-dynamics이라 한다. 여기서 'hemo'는 혈액, 'dynamics'는 동역학을 뜻한다. 혈류역학을 처음 체계적으로 연구한 사람은 장 푸아죄유Jean Poiseuille다. 프랑스의 의사로서 유체역학에도 관심이 많았던 푸아죄유는 1840년 관 안을

의사 푸아죄유는 모세관 속의 혈류, 혈압, 혈액의 점성 등 주로 혈류역학 분야에 많은 업적을 남겼다.

흐르는 점성 유체의 유량에 관한 푸아죄유의 법칙$^{\text{Poiseuille's law}}$을 발표했다. 유량은 관의 반지름의 네제곱과 양 끝의 압력 차이에 비례하고, 유체 점도와 관의 길이에 반비례한다는 내용의 이 법칙은 혈관을 흐르는 혈액에도 거의 그대로 적용된다.

$$Q = \frac{\pi r^4 (p_1 - p_2)}{8\eta L}$$

(Q는 유량, r은 관의 반지름, p_1은 입구 압력, p_2는 출구 압력, η는 유체 점도, L은 관의 길이)

다만 혈액은 심장 박동에 의해 순환하기 때문에 일정하게 흐르지 않고 파도가 치는 것처럼 주기적인 맥동을 갖는다. 이 현상은 분당 약 60회씩 뛰는 맥박수로 확인할 수 있다. 이러한 맥동 효과$^{\text{pulsating effect}}$는 혈관의 직경과 점성에 영향을 받는다. 이를 수학적으로 표현한 워머슬리 수$^{\text{α, Womersley number}}$는 무차원수$^{\text{dimensionless number}}$의 일종으로 생체유체역학에서 점성 효과에 대한 맥동류 주파수를 나타낸다.

여기서 무차원수는 과학자들이 다양한 현상에서 나타나는 여러 변수의 상관관계를 간단히 표현하기 위해 만든, 차원이 없는 숫자다. 다시 말해 무차원은 단위가 없다는 의미로, 단위를 가진 여러 변수끼리 곱하거나 나누어 차원을 없애면 복잡한 자연 현상을 오직 하나의 숫자만으로 설명할 수 있다. 워머슬리 수는 영국 수학자이자 컴퓨터과학자인 존 워머슬리[John Womersley]에 의해 제안되었으며 수식으로는 아래와 같이 표현된다.

$$\alpha = D \sqrt{\frac{\omega\rho}{\mu}}$$

(D는 혈관 직경, ω는 각속도, ρ는 밀도, μ는 점성계수)

워머슬리 수가 갖는 물리적 의미는 다음과 같다. 이 수가 작으면 혈액의 점성이 매우 강하거나 혈관 직경이 아주 작은 상태를 의미한다. 이 경우 혈류가 일정하게 흐르는 정상 상태[steady state]라 가정할 수 있다. 반대로 워머슬리 수가 매우 크면, 즉 혈액의 점성이 매우 약하거나 혈관 직경이 큰 경우 중심부에서의 운동량이 많기 때문에 압력이 갑자기 바뀌면 유동이 그에 맞추어 변하지 못한다. 그리고 이로 인해 혈액이 출렁거리는 맥동이 발생한다.[2]

수력 도약

다빈치의 빛나는 업적은 수백 년이 흘러서도 여전히 예술가와 과학자들에게 영감을 주고 있다. 다빈치 사후 500주기인 2019년, 그의 수많은 성과 중 '흐름에 관한 연구'를 정리한 논문이 <네이처>에 게재되었다. 위 논문의 저자는 다빈치의 작품 세계를 반세기에 걸쳐 연구한 영국 옥스퍼드대학교 미술사학과의 마틴 켐프Martin Kemp 교수다. 세계 최고의 다빈치학(學) 전문가로 손꼽히는 그는 영국 케임브리지대학교에서 자연과학을 배우고 코톨드예술학교에서 미술사를 전공하였다. 켐프는 마치 다빈치처럼 자연스레 과학과 예술의 교차점에 서서 다빈치를 포함한 르네상스 시대 작가들의 예술 세계를 과학을 통해서 조망하는 연구를 수행하였다.[3]

다빈치 노트에는 태양에서 지구와 달에 내리쬐는 빛에 관한 연구 등 천문학 일부가 포함되어 있지만 대부분은 물의 흐름과 움직임을 연구하는 수력학hydraulics에 대한 실험을 다루고 있다. 노트를 철저히 분석한 켐프에 따르면 다빈치는 상세한 관찰을 통해 물의 다양한 거동을 심도 있게 연구하였다. 그 예로 유리로 만든 실험용 탱크에 물을 채우고, 그 위에 잡초 씨앗을 띄워 소용돌이의 거동을 연구한 결과가 남아 있다. 오늘날에도 유체의 움직임을 정량적으로 측정하기 위해 유체와 밀도가 유사한 입자particle들을 띄우고 그 입자들의 위치를 추적하여 유체의 속도장velocity field 등을 계산하는 입자영상유속계PIV, Particle Image Velocimetry, 입자추적유속계PTV, Particle Tracking Velocimetry가 활발히 사용되고 있다. 비록 원시적인 형태이긴 하지만 현대에도 활용되고 있는 가시화visualization 기법과 동일한 원리로 유동을 분석한 것이다.

다빈치가 관심 있게 살펴본 유체역학의 또 다른 주제는 물줄기다. 빠른 물줄기가 어떠한 장애물에 막혀 느려질 때 갑자기 튀어 오르는 것을 볼 수 있는데, 이를 수력 도약hydraulic jump이라 한다. 이 현상은 주로 물살이 빠르게 흐르는 하천에서 볼 수 있으며, 가정에서는 싱크대의 수도에서도 쉽게 관찰할 수 있다. 낙하하는 수돗물이 싱크대에 닿는 순간 둥그렇고 얇은 막을 형성하며 바깥쪽으로 밀려나는데, 특정 거리가 되면 수막이 오히려 두꺼워진다. 수막이 두꺼워지는 특정 거리와 수막의 두께는 물줄기의 속도와 깊은 관련이 있다. 일반적으로 물줄기의 속도가 빠를수록 얇은 막으로 이루어진 원의 직경은 커진다.

수력 도약은 배관처럼 닫힌 곳이 아닌, 개수로처럼 열려 있는 자유 표면free surface에서 일어난다. 즉 액체와 기체가 만나는 경우의 경계면에서 일어나는 유체역학 현상이다. 임계값을 넘어선 초임계supercritical 유동이 임계값 이하의 아임계subcritical 유동이 될 다빈치가 낙하하는 물줄기에서 발생하는 수력 도약을 스케치한 그림(좌)과 싱크대에서 실제로 일어나는 수력 도약 현상(우)

때, 교란된 상태로 심한 난류가 발생하면 수력 도약이 나타난다. 이때 유동이 가지고 있는 운동 에너지가 위치 에너지로 전환되며, 일부 에너지는 소실된다.

이 현상은 에너지 소산 장치로 매우 효과적이기 때문에 하천의 하구에서 강둑의 손상을 막기 위해 응용된다. 댐의 하류부에 돌출시켜 만든 구조물로 유속을 인위적으로 감소시켜 방출하는 것이다. 싱크대 안에서의 수력 도약은 설거지할 때 물 사용량을 결정하는 요인에 불과하지만 댐에서의 수력 도약은 주변 구조물을 파괴할 수도 있으므로 유로 설계에 주의를 기울여야 한다. 반대로 하천에서 수력 도약에 의한 갑작스러운 상승과 하강을 이용하는 대표적인 스포츠로 카약, 카누, 레프팅 등이 있다.

수력 도약의 규모를 수치적으로 나타내는 주요 무차원수는 프루드 수Froude number다(자세한 내용은 4장의 '수리 모형 실험' 참고). 프루드 수는 중력 가속도, 직경, 유속을 무차원화한 수로 프루드 수가 1보다 작으면 수력 도약이 일어나지 않는다. 반면 프루드 수가 커질수록 수력 도약이 강하게 일어나며, 그만큼 유동이 운동 에너지를 잃는 소산율$^{\text{dissipation rate}}$도 커진다.

한편 이러한 수력 도약 현상은 오래전부터 최근까지 중력으로 인해 발생하는 것으로 여겨졌다. 하지만 2018년 발표된 논문에 따르면 싱크대에서의 수력 도약은 중력이 아닌 표면장력 때문에 나타난다는 사실이 밝혀졌다. 연구진은 원형 수력 도약에서 중력의 역할을 배제하기 위해 수평, 수직 및 경사면에서 실험을 수행했으며, 기판의 방향에 관계없이 동일한 유속 및 액체의 물리적 특성에 대해 초기 수력 도약은 같은 위치에서 발생함을 보여주었다.[4]

과학의 기본은 자연을 관찰하고 이해하는 데에서 시작한다. 현미경을 이용해 세포를 세세히 바라볼 수 있기에 생물학이, 망원경을 통해 행성을 관찰함으로써 천문학이 발전하였다. 또한 카메라 촬영 기술의 지속적인 발전은 현대 과학 기술의 부흥을 이끌었다 해도 과언이 아니다.

　관찰 대상 중 고체의 움직임은 촬영이 비교적 간단하다. 사과를 뚫는 총알처럼 아무리 빠른 움직임이더라도 타이밍만 맞추면 촬영이 가능하기 때문이다. 반면 유체를 육안으로 관찰하거나 카메라로 촬영하는 것은 한계가 있다. 유체는 경계가 뚜렷하지 않거나 계속 움직이며 바뀌기 때문이다. 우리가 바람 부는 것을 눈으로 볼 수 없을뿐더러 사진을 아무리 찍어도 바람은 보이지 않는다. 또한 흐르는 강물도 물결로 유추할 수 있을 뿐이지 실질적인 유동은 관찰할 수 없다.

　다빈치가 물에 잡초 씨앗을 띄워 소용돌이의 움직임을 관찰한 것도 이러한 이유에서다. 그리고 이 방식은 현대로 오면서 원리는 동일하지만 훨씬 더 정교하게 발전하여 유체 실험에서의 강력한 도구가 되었다. 유체의 흐름을 가시화하고 속도를 측정

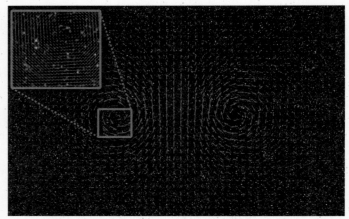

PIV 기법을 활용하여 소용돌이치는 유동의 속도장을 녹색 화살표로 나타낼 수 있다.

할 수 있는 가장 대표적인 방식은 입자영상유속계[PIV]다. 이 기법은 미국 애리조나주립대학교 기계항공공학과 로날드 아드리안 Ronald Adrian 교수가 처음 제안하였으며, 유동장 내부의 흐름을 시각화하여 여러 지점에서의 속도를 동시에 계측할 수 있다는 장점이 있다. 아드리안이 1991년 발표한 논문은 현재까지 무려 5,000회 이상 인용되었으며, 실험 유체역학 연구자들에게 매우 중요한 길잡이 역할을 하고 있다.[5]

입자영상유속계의 구체적인 방법을 살펴보면 다음과 같다. 유체의 흐름을 잘 따라 움직이는 입자를 유체에 충분히 넣는다. 이때 유체와 입자의 밀도 차이가 작을수록 입자는 유체 흐름을 그대로 따라가며, 이를 추적성[traceability]이라 한다. 비교적 가벼운 모래는 강물을 따라 휩쓸려 가지만 무거운 자갈은 가라앉아 잘 움직이지 않는 것과 같은 원리다. 실험에 주로 사용하는 입자의 크기는 수십 마이크로미터로 머리카락 굵기보다 작으며, 촬영 시 빛을 반사하여 사진에는 미세한 점으로 표현된다.

유체가 흐르면 레이저 등의 광원을 비추고 매우 짧은 시간 간격으로 입자를 연속 촬영한다. 속도를 계산하기 위해서는 변위와 이동 시간이 필요한데, 앞뒤 사진을 비교하여 입자가 이동한 변위를 얻고, 촬영 간격으로 이동 시간을 알 수 있다. 이러한 원리를 이용하여 컴퓨터로 촬영한 사진을 모두 분석하여 유동의 속도장을 얻는다. 사진을 바탕으로 한 입자영상유속계는 기본적으로 2차원 평면의 유동장을 대상으로 하지만 최근 단층 촬영하듯이 평면을 깊이별로 여러 번 촬영하여 3차원 속도장을 얻는 3D PIV 기법도 활발히 응용되고 있다.

레오나르도의 역설

다빈치가 관심을 기울인 유체역학 주제에는 공기 방울, 즉 기포도 있다. 소용돌이나 수력 도약처럼 빠른 유동에서는 압력 차이가 생기고, 압력이 낮은 지점에서 기포가 발생한다. 즉 물속에 포함되어 있는 기체가 압력이 낮은 곳에 모이는데, 이로 인해 물이 없는 빈 공간이 생기며 이를 공동 현상^{cavitation}이라 한다. 그리고 공기를 품고 있는 기포는 물보다 밀도가 낮기 때문에 위로 상승하기 마련이다. 이때 기포가 상승하는 경로는 무척 다양하다. 주로 기포의 크기에 따라 결정되는데, 매우 작은 기포는 직선으로 올라오고, 반지름이 약 0.8mm보다 큰 기포는 갈지자형^{zigzag} 또는 나선형^{helical}으로 회전하며 상승한다.

샴페인 잔 속의 기포를 유심히 관찰하면 그 크기가 점점 커지는 것을 알 수 있다. 바닥에서 떠오르기 시작하는 순간 기포의 반지름은 약 10μm이고 터지기 직전에는 약 0.5mm이다. 따라서 대부분의 기포는 일렬로 떠오르며, 이를 기포 기차$^{bubble\ train}$라 부르기도 한다. 만일 매우 긴 잔을 사용하면 수직으로 떠오르던 기포가 점차 성장하여 어느 순간 불규칙적으로 흔들리며 갈지자형 또는 나선형으로 상승하는 모습을 관찰할 수 있다.

다빈치는 커다란 기포가 나선형으로 떠오르는 모습을 스케치하고 상세히 설명하였는데, 이를 레오나르도의 역설$^{Leonardo's}$ ^{paradox}이라 한다. 일반적으로 무거운 공은 직선으로 가라앉고 작은 기포는 직선으로 떠오르는데, 커다란 기포는 갈지자형 또는 나선형으로 떠오르기 때문에 역설로 불린다.

네덜란드 트벤테대학교 유체물리학 그룹의 크리스티안 벨뒤스$^{Christian\ Veldhuis}$는 2007년 기포의 거동을 물리학적으로 해석한 논문 '레오나르도의 역설: 입자와 기포의 경로와 형상 불안정성'으로 박사 학위를 취득하였다.[6] 참고로 심리학과 미술에서 '레오나르도의 역설'은 전혀 다른 의미로 쓰이는데, 넓은 각도 끝의 직선 일부가 곡선처럼 보이는 현상을 말한다.

이처럼 기포의 독특한 물리적 특성은 놀랍게도 의료 분야에도 활용된다. 예를 들어, 혈액에 평균 직경 5μm 크기의 미세 기

물속에서 떠오르는 기포의 거동은 오래전부터 과학자들의 관심사였다. (Ivan Marusic and Susan Broomhall, 2021)

포microbubble를 주입한 후 특정 부위를 초음파로 촬영하면 기존보다 선명한 영상을 얻을 수 있다. 초음파 주파수와 크기가 비슷한 미세 기포가 공명 현상으로 초음파 산란을 유도하여 영상의 선명도를 증강시키는 원리다. 또한 초음파 조영제는 인체에 무해한 미세 기포로 구성되어 있다. 따라서 이는 검사나 시술 시 특정 조직이나 혈관이 잘 보이도록 인체에 투여하는 약물인 조영제contrast media의 부작용 문제를 해결하여 향후 더욱 다양한 분야에 활용될 것으로 기대된다.[7]

감성을 입은 기술

1765년 영국의 공학자 제임스 와트 $^{James\ Watt}$가 발명한 증기 기관으로 대표되는 1차 산업 혁명은 전통 기술의 혁신과 새로운 제조 공정을 탄생시켰다. 이후 미국과 독일을 중심으로 진행된 2차 산업 혁명은 전기의 활용과 내연 기관의 개발로 본격적인 산업화를 이끌었다. 그리고 3차 산업 혁명은 마침내 정보 통신 기술을 발전시켜 현대인의 삶에 엄청난 변화를 가져왔다. 특히 2007년 한 손에 쏙 들어가는 한 전자 기기의 등장에 온 세상이 술렁였다. 그 제품은 단순히 기술력만 뛰어나면 된다는 기존의 상식을 완전히 뒤엎었기 때문이다.

전자 제품도 결국 인간이 사용하는 것이기에 공학적 기술뿐 아니라 감성을 사로잡아야 한다는 이야기는 이제 누구나 당연하게 여기는 정설이 되었다. 수백 년 전 다빈치가 그러했듯 인문학 $^{liberal\ arts}$과 기술 ^{technology}의 교차점에 서 있는 애플은 첨단 제품의 정체성과 지향점을 분명히 설명하였다.

인간의 감각을 자극시키는 예술에 과학 기술이 더해져 더욱 풍요로운 결과물을 만드는 사례는 무수히 많다. 예를 들어 디지털 조명은 전기에 대한 기초 지식과 다채로운 빛에 대한 감각이 결합되어야 만족스러운 효과를 얻을 수 있다. 또한 소리는 단순히 공기를 매개체로 하여 전달되는 파동이 아니라 귓가에 울려 퍼지는 아름다운 선율이 될 수 있으므로 예술적 접근이 필요하다. 예술과 과학의 다방면에 걸쳐 다빈치가 남긴 위대한 유산은 현대 문명을 더욱 풍요롭게 만들었다. 그리고 결국 예술과 과학은 분리해서는 안 되고, 분리할 수도 없는 영역임을 여실히 보여준다.

3장

✳

세상을 날다

라이트 형제의 비상

(1903년 12월 17일)

미국 오하이오주 데이턴에서 자전거 가게를 운영하던 젊은 형제
는 어느 날 신문에서 한 독일인의 글라이더 비행 사고 소식을 접한
다. 그리고 장난감 비행기를 가지고 놀던 어린 시절의 꿈을 떠올린
형제는 밤낮으로 비행기를 만드는 데 열중한다. 수년간의 노력 끝에
1903년 12월, 마침내 이들은 노스캐롤라이나주의 킬데빌 언덕에서
'플라이어'라는 동력 기계를 타고 하늘을 날았다. 비록 12초의 짧은
순간이었지만 새처럼 하늘을 날고 싶다는 인류의 오랜 꿈을 이루어
냈다.

바그다드 상공의 기적

이라크의 수도 바그다드^{Bagh-dad}는 페르시아어로 '신이 주신 땅'이라는 뜻에 걸맞게 한때 세계에서 가장 부유한 도시였다. 고대에는 세계 4대 문명 발상지 중 하나인 메소포타미아의 중심이었으며, 이후 실크로드로 이어지는 무역로의 교차점으로 이슬람 문명의 문화, 경제, 종교, 정치, 예술의 메카로 성장하였다. 또한 바그다드는 이슬람 제국의 수도 중 하나로 당시 명칭은 '평화의 도시'라는 뜻의 마디나트 아스 살람^{Madinat as Salam}이었는데, 현재 이라크의 상황을 생각해보면 참으로 아이러니하다.

2003년 3월 미국과 영국 연합군이 이라크를 침공한 후 어수선한 상황이 이어지던 11월 22일, 평화롭지 않은 바그다드 국제공항에서 이륙한 DHL 화물기가 황급히 방향을 바꾸어 회항을 시도하였다. 무자비한 테러리스트가 상공을 향해 발사한 지대공 미사일^{surface-to-air missile}이 비행기 왼쪽 날개를 정통으로 격추하였기 때문이다. 소리보다 훨씬 빠른 속도로 하늘을 향해 솟구친 미사일에 비행기는 곧장 균형을 잃고 급격히 흔들리기 시작하였다.

비행기의 조종 계통은 대개 유압 계통^{hydraulic system}으로 작동하는데, 혹시 모를 사고에 대비하기 위해 3개의 계통이 독립적으로 운용되며 복합적으로 구성되어 있다. 특히 비행기의 안전과 관련된 핵심 계통은 2중, 3중으로 설계되어 있다. 이처럼 안전을 최우선으로 하는 비행기에는 고장이 적고 신뢰성reliability이 높은 유압 장치를 적용하는 경우가 많다. 하지만 불행하게도 미사일의 폭격을 받은 비행기의 유압 시스템이 모두 고장나는 최악의 상황이 발생하였다.

조종 계통이 정상 기능을 수행하지 못하자 스스로 균형을 못 잡는 비행기는 3,800m 상공에서 오르락내리락하며 장주기 운동phugoid motion을 하는 불안정한 모습을 보였다. 장주기 운동은 방향 제어에 문제가 발생하였을 때 상승과 하강을 반복하는 항공기 사고의 한 유형이다. 비행기가 안정적으로 운행하기 위해서

격추된 DHL이 가까스로 착륙에 성공한 뒤 촬영한 왼쪽 날개의 파손 상태

는 수직 방향의 양력과 중력, 수평 방향의 추력과 항력이 균형을 이루어야 한다. 하지만 유압 시스템의 고장으로 양력을 조절하지 못하자 힘의 균형이 깨졌다. 엔진 출력을 높이면 비행기 머리가 솟구치고 반대로 출력을 낮추면 머리가 내려오는 돌발 상황이 발생한 것이다.

다행히 기장 에릭 제노트^{Éric Gennotte}는 총 3,300시간의 오랜 비행 경력이 있었으며, 부기장 스티브 미켈슨^{Steeve Michielsen}과 항공 기관사 마리오 로페일^{Mario Rofail} 역시 비행 경험이 풍부하였다. 제노트는 우선 연료의 양을 조절하는 장치인 스로틀^{throttle}을 끊임없이 열고 닫으며 비행기 몸체를 안정화시켰다. 그리고 유일하게 조종 가능한 양 날개 엔진의 출력차를 활용하여 서서히 큰 원을 그리며 선회하였다. 그사이 로페일은 착륙 장치인 랜딩 기어를 수동으로 내렸다.

마침내 이들은 유압 장치가 모두 고장난 상태로 착륙에 성공한 전무후무한 기록을 세웠고, 2003년 휴 고든-버지 기념상^{Hugh Gordon-Burge Memorial Award}과 2005년 폴라리스 상^{Polaris Award}을 수상하였다. 참고로 휴 고든-버지 기념상은 뛰어난 행동으로 항공기 또는 승객을 구조하는 데 기여한 승무원에게 수여되고, 폴라리스 상은 민간 항공과 관련된 최고의 훈장으로 뛰어난 비행술과 영웅적 행동을 인정받은 승무원에게 수여된다.

파스칼의 법칙 🖋

비행기는 어떻게 원하는 방향으로 자유롭게 날 수 있을까? 비행기를 조종하는 데에는 보조익^{aileron}, 승강타^{elevator}, 방향타^{rudder} 등 세 조종면이 핵심 역할을 한다. 초창기 비행기는 굵은 줄과 경첩, 도르래로 이들을 조종했으나 비행기가 점차 커지고 하중이 증가하면서 유압을 사용하기 시작하였다. 유압 시스템은 무게가 가볍고 구조가 간단하며 신뢰성이 높기 때문이다.

유압의 원리를 처음 밝힌 사람은 프랑스의 물리학자이자 수학자 블레즈 파스칼$^{Blaise\ Pascal}$이다. 그는 유체의 특성을 연구하다 놀라운 사실을 발견하였다. 일명 파스칼의 법칙$^{Pascal's\ law}$으로 밀폐된 용기 속 액체의 한 부분에 압력을 가하면 모든 지점에 같은 크기의 압력이 전달되는 원리다. 힘은 압력과 면적을 곱한 값이므로 일정한 압력 하에서 면적을 달리 하면 힘의 세기도 조절할 수 있다. 이는 작은 힘으로 큰 하중을 움직일 수 있음을 의미한다.

따라서 유압 장치는 커다란 덩치만큼이나 강력한 힘을 필요로 하는 비행기에 널리 활용된다. 유압을 이용하면 큰 힘이 요구되는 장치를 손쉽게 밀거나 당길 수 있기 때문이다. 비행기의 보조익, 승강타, 방향타 외에도 슬랫^{slat}, 플랩^{flap}, 스포일러^{spoiler}, 랜

파스칼의 법칙 $P_1 = P_2$

$F_2 = P_2 A_2 = 10 \times F_1$

누르는 힘
$F_1 = P_1 A_1$

면적
A_1

면적 A_2
$(A_1 \times 10)$

유체

밑폐된 공간에서 압력이 동일하다는 파스칼의 법칙을 이용하면 작은 힘으로도 자동
차를 들어 올릴 수 있다.

딩 기어 landing gear, 브레이크 break 등을 제어할 때도 유압이 사용
된다. 오늘날 유압 장치는 비행기뿐만 아니라 다양한 분야에 활
용되는데, 주로 큰 하중을 다루는 포크레인, 지게차, 덤프트럭
같은 건설 기계에서 찾아볼 수 있다.

파스칼의 법칙은 모든 비압축성 유체에 적용되므로 물도 해당
되지만 기계를 부식시킬 위험이 있어 주로 기름을 사용하며, 한
자로 기름 유(油)를 써서 유압(油壓)이라 부른다. 참고로 기름 대
신 공기를 사용하는 공압 시스템 pneumatic system은 공기를 압축해
압력을 높이는 방식이다. 공압은 유압에 비해 정밀하지 않지만
반응 속도가 빠르고 화재 발생 시 위험성이 적어 대형 차량의 에
어 브레이크, 교반기의 에어 모터 등에 활용된다.

세상에서 가장 유명한 형제

바그다드 공항에서 비행기가 테러리스트에 의해 어처구니없이 피습되는 사고가 발생하기 정확히 100년 전으로 거슬러 올라가 보자. 1903년 미국의 한 형제가 인류 최초로 스스로의 힘으로 하늘을 난 역사적 사건이 벌어졌다. 현재까지도 세상에서 가장 유명한 형제인 그들은 원래 오하이오주에서 자전거 가게를 운영 중이었다. 당시 미국에서 자전거는 선풍적인 인기를 끌고 있어서 사업은 매우 안정적이었다. 영국의 수의사 존 던롭^{John Dunlop}이 발명한 공기 타이어를 장착한 자전거는 '사료가 필요 없는 말'이라 불리며, 대당 가격이 무려 100달러로 당시 직장인의 한 달치 월급에 맞먹었다. 그럼에도 불구하고 순식간에 수백만 대의 자전거가 보급되며, 남녀노소 가리지 않고 전국 사방의 길거리를 누볐다.[1]

그저 꽤나 성공한 자전거 사업가에 그칠 수 있었던 윌버 라이트^{Wilbur Wright}와 오빌 라이트^{Orville Wright} 형제는 1896년 어느 날 우연히 그들의 인생을 바꾼 한 신문 기사를 보았다. 독일 항공의 개척자 오토 릴리엔탈^{Otto Lilienthal}의 추락으로 인한 부고 기사였다. 형제는 그 기사를 보기 전까지 자동차도 아니고 하늘을 나는 기계를 만들게 될 것이라 상상이나 할 수 있었을까? 그들이 만든 것은 영화 <이티$^{E.T.}$>에 등장하는 하늘을 나는 자전거가 아니었다. 수많은 선구자들이 바람이나 수소 같은 기체의 도움을 받은 것과 달리 후대에 비행이라 불린 동력 기계를 직접 만들어 최초의 비행에 도전한 것이다.

1899년 여름, 형제는 자전거 가게 위층 방에서 첫 비행기를 만들기 시작하였다. 형제가 비행기를 제작할 때 가장 중점을 둔 것은 비상이 아닌 평형이었다. 자전거와 마찬가지로 비행에서도 균형이 무척 중요하기 때문이다. 그들은 어찌하여 비행기가 하늘에 뜨더라도 한쪽으로 힘이 쏠리면 지속적인 비행이 불가능하다는 점을 정확히 인지하고 있었다. 낮에는 자전거 가게를 운영하고 밤에는 하늘을 나는 기계를 만들기 위한 고된 연구가 계속되었다.

하지만 하늘은 인류에게 자신의 공간을 쉽사리 허락하지 않는 듯 보였다. 여러 차례의 원정 실험에서 실패를 거듭하고 결과 분석을 통해 비행기 구조를 개선하는 작업이 반복되었다. 형제는 정규 공학 교육을 받지 못하였지만 나름대로 비행 이론에 대해서 깊이 연구하였다. 특히 그들은 당시 학계에서 150년간 아무런 의심 없이 받아들여진 스미턴 계수$^{Smeaton\ coefficient}$에 의문을 품었다. 1759년 영국의 토목학자이자 물리학자 존 스미턴$^{John\ Smeaton}$이 양력을 계산하기 위해 도입한 스미턴 계수는 0.005로 알려졌는데, 이는 실험 결과와 큰 차이가 있었다. 라이트 형제는

라이트 형제는 직접 만든 플라이어를 타고 인류 최초의 동력 비행에 성공하였다.

불굴의 의지로 오랜 실험 끝에 그 값이 0.0033임을 밝혔고, 이로 써 비행기 날개의 양력을 정확히 계산할 수 있었다.

당시 라이트 형제가 사용한 풍동wind tunnel은 현재까지도 대부 분의 비행 실험에 활용되는 장치다. 그들은 길이 1.8m, 단면적 1.4m²의 나무 상자를 만들고 한쪽 끝에 송풍기를 달았다. 송풍 기에서 불어오는 바람은 비행기를 직접 날리지 않고도 날개 주 변에 형성되는 힘을 알 수 있게 도와주었다. 그들은 두 달 만에 38종의 날개에 대해 실험하였고, 날개를 수평에서 45°까지 기울 여가며 분석하였다. 이렇게 풍동 실험으로부터 얻은 결과는 비 행기 개선에 즉각 반영되었다.[2]

수년간의 시행착오가 어느 정도 결실을 맺는 듯 보였다. 형제 는 비행기를 만들며 틈틈이 시험에 적합한 장소를 탐색한 결과

세상을 날다

시속 15~30km의 바람이 꾸준히 부는 노스캘리아나주 키티호크를 낙점하였다. 키티호크는 미국 전역 100개 이상의 기상청 관측소로부터 풍속 기록을 받아 신중히 결정한 장소였다.

1903년 12월 겨울, 라이트 형제는 떨리는 마음으로 킬데빌 언덕에 올랐다. 동전 던지기로 정한 첫 비행자는 형 윌버였다. 하지만 '고요 속에서 날아오르는 새는 없다'라며 호기롭게 나섰던 윌버의 비행은 실패했다. 아직은 하늘을 날지 못했으니 비행기가 아닌, 동력 기계에 불과한 플라이어^{Flyer}는 윌버의 실수로 이륙도 하지 못하였다.

사흘 후 이번에는 동생 오빌의 차례였다. 오빌은 조종석에 배를 깔고 자리를 잡았으며, 윌버는 날개 끝에 서서 균형 잡는 것을 도왔다. 그가 붙잡았던 밧줄을 풀자 곧 비행기가 될 동력 기계는 앞으로 나아가기 시작했다. 마침내 지면을 떠난 비행기는 불과 12초 동안 36m를 나는 데에 그쳤지만, 비행 역사에 커다란 발자취를 남겼다.

하지만 인류 역사에 길이 기록될 순간을 지켜본 사람은 다섯 명뿐이었다. 그들은 하늘을 나는 기계 '플라이어'가 하늘을 날지 못하는 모습을 보기 위해 그 자리에 있었을지도 모른다. 심지어 18살 청년 조니 무어^{Johnny Moore}는 지나가는 길에 우연히 구경하다가 역사에 영원히 이름을 남겼다. 만일 라이트 형제가 땅 위에서 자전거 바퀴를 구르는 것에 만족했더라면 인류의 숙원과도

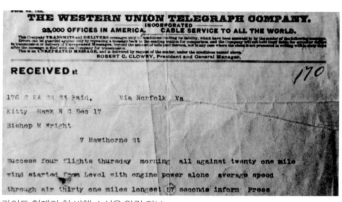
라이트 형제의 첫 비행 소식을 알린 전보

같았던 하늘을 나는 꿈은 당분간 이루어지지 않았을 것이다. 그리고 그날 오후 형제가 가족에게 보낸 전보는 다음과 같다.

4번의 비행 성공. 목요일 아침 21마일의 맞바람에

엔진 동력만 이용하여 지상 이륙.

평균 시속 31마일로 최대 57초간 비행.

언론 통보 요망 크리스마스 귀가 예정.

– 오빌 라이트 –

풍동 실험 🖋

라이트 형제의 비행 시험을 획기적으로 도운 풍동은 현대의 공기역학 실험에서도 매우 요긴하게 쓰인다. 풍동은 인공으로 바람을 일으켜 공기 흐름이 물체에 미치는 작용이나 영향을 실험하는 터널형 장치다. 자동차나 비행기가 앞으로 움직이면 정지한 공기가 다가오는데, 이와 반대로 물체는 고정하고 바람을 부는 것이다. 물체와 공기 사이의 상대적인 흐름은 동일한 반면 물체를 실제로 움직이는 것보다 바람을 불어 공기를 움직이는 방식이 훨씬 간단하기 때문에 항력과 양력 등을 측정하는 실험 기법으로 널리 활용된다.

1871년 영국의 과학자 프란시스 웬햄Francis Wenham은 동료 존 브라우닝John Browning과 함께 세계 최초로 풍동을 설계하였다. 그들은 풍동 실험을 통해 길고 좁은 날개가 동일한 면적의 짧고 뭉툭한 날개보다 더 높은 양항비lift-to-drag ratio를 가진다는 사실을 밝혔다. 양항비는 양력 대 항력의 비율로 이 값이 클수록 비행에 유리하다. 웬햄은 라이트 형제의 비행을 못 보고 세상을 떠났지만 그의 값진 연구 결과는 형제에게 중요한 영향을 미쳤다.[3]

한편 영국의 과학자 오스본 레이놀즈$^{Osborne\ Reynolds}$는 두 유동의 매개 변수 사이의 관계가 동일한 경우 축소 모형 주변의 유체 흐름 패턴이 실제 물체 주변의 유체 흐름과 유사할 것이라는 점을 밝혔다. 레이놀즈 수$^{Reynolds\ number}$로 알려진 무차원수는 유동 패턴의 모양, 열 전달 및 난류 발생을 포함하여 모든 유체 흐름을 설명하는 기본 매개 변수다. 그리고 이는 축소 모형의 풍동 실험이 실제 현상을 모사할 수 있음을 의미한다.

풍동은 바람의 이동 방향에 따라 개방형과 폐쇄형으로 나뉜다. 개방형은 바람이 발생하는 입구와 빠져나가는 출구가 분리된 형태다. 이는 유동이 재순환하지 않는 특징을 가지며, 설치비가 적다는 장점이 있다. 반면 폐쇄형은 별도의 입구와 출구 없이 바람이 계속 순환하는 형태다. 따라서 외부 환경의 영향을 받지 않으며 작은 동력으로 풍속을 올릴 수 있고 상대적으로 큰 시험

제2차 세계 대전 때 지어진 초대형 풍동은 항공기 개발에 막중한 역할을 하였다.

세상을 날다

부를 사용할 수 있다. 개방형 풍동은 독일 괴팅겐대학교에서 유래하여 괴팅겐식^{Göttingen type} 풍동이라 하고 폐쇄형 풍동은 프랑스의 공학자이자 건축가 구스타프 에펠^{Gustave Eiffel}이 실험하여 에펠식^{Eiffel type} 풍동이라 부른다.

에펠은 1889년 개최된 파리 만국박람회의 에펠탑으로 유명세를 얻은 후 유체역학으로 눈길을 돌려 1909년 50kW 전기 모터로 구동되는 풍동을 건설하였다. 에펠은 3년 사이에 그 풍동에서 약 4,000건의 실험을 수행하였으며, 그의 체계적인 실험은 항공 연구에 대한 새로운 기준을 세웠다. 1912년 에펠의 실험실은 파리 교외로 옮겨졌으며, 오늘날에도 2m 시험 구간이 있는 풍동이 여전히 운영되고 있다.

현재 세계에서 가장 큰 풍동은 미국항공우주국^{NASA} 에임스 연구 센터^{Ames Research Center}에 있다. 풍동의 너비는 120피트(36.6m), 높이는 80피트(24.4m)로 자동차는 물론 보잉 737 여객기를 그대로 풍동 안에 넣고 실험이 가능하다. 또한 바람은 최고 시속 190km까지 불 수 있다. 참고로 바람 대신 물로 유사한 실험을 하는 장치는 수동^{water tunnel}이라 하며, 잠수함과 같이 물에 잠긴 물체 주변의 유동을 연구하는 데 활용된다.

비행기는 어떻게 나는가?

라이트 형제가 비행에 성공한 지 100년이 넘고, 지금도 하루에 수만 대의 비행기가 상공을 누비고 있지만 비행의 원리는 여전히 논란 중이다. 비행에는 단순한 듯 보이지만 실제로는 다소 복잡한 현상이 숨어 있기 때문이다. 흔히 과학 교과서에서는 비행기가 나는 원리를 베르누이의 원리$^{Bernoulli's theorem}$로 간단히 설명하고 있지만, 이는 지극히 단편적인 주장이다. 베르누이 원리는 에너지 보존 법칙에 따라 유체의 속력이 증가하면 압력이 감소한다는 의미를 가지고 있다. 따라서 앞선 주장에 따르면 위쪽이 볼록하고 아래쪽은 평평한 비행기 날개 주변으로 공기가 흐를 때 위쪽에서는 공기가 빠르게 흘러 압력이 낮고, 아래쪽에서는 공기가 천천히 흘러 압력이 높아 위로 뜨는 힘인 양력이 발생한다. 하지만 날개 위쪽 길이는 아래쪽보다 겨우 2% 정도 더 길어 거의 차이가 없다. 또한 이 주장은 비행기가 몸체를 거꾸로 뒤집어 수평으로 나는 배면 비행$^{inverted flight}$의 원리를 제대로 설명할 수 없다.

베르누이의 원리는 기본적으로 점성이 없는 유체에만 적용이 가능하다. 점성이 없는 유체는 실재하지 않으며, 이론적으로 달랑베르의 역설D'Alembert's paradox이라는 모순을 발생시킨다. 18세기 프랑스의 수학자이자 물리학자 장-바티스트 달랑베르Jean-Baptiste d'Alembert는 당대의 여러 학자들과 마찬가지로 철학, 수학, 물리학 등 다양한 분야에 업적을 남겼다. 그중 1752년 발표한 논문 <유체 저항에 대한 새로운 이론>에서 비압축성incompressible 및 비점성inviscous 유체 내의 물체가 일정한 속도로 이동하는 상황을 수학적으로 계산하였다. 그 결과 유체에 잠긴 물체가 받는 힘의 합력이 이론상으로 0이라는 놀라운 사실을 알아냈다. 이는 물체가 유체 속을 가로지를 때 받는 저항이 전혀 없다는 것을 뜻한다. 물론 이론과 달리 실제로는 물체가 저항을 받기 때문에 역설이라 불린다. 유체가 비압축성, 비점성이라는 이상적인 가정으로부터 발생한 문제로 모든 유체는 점성을 가지고 있기 때문에 실제로는 유동 저항이 발생한다.

비행의 원리를 상세히 살펴보기 위해서는 우선 날개의 기하학적 형상에 주목할 필요가 있다. 날개의 시위선chord line과 공기 흐름 방향 사이의 각도를 받음각angle of attack이라 하는데, 모든 비행기 날개는 앞쪽이 들린 형태로 양의 받음각을 가지고 있다. 이는 날개가 전진할 때 공기에 대항하여 양력과 항력을 발생시킨다. 날개가 수평 상태, 즉 받음각이 0이라면 양력은 거의 발생하지 않으며, 일정 수준까지는 받음각이 커질수록 양력이 증가한다. 최적의 받음각은 약 15°이며, 이 각도를 넘어서면 양력이 오히려

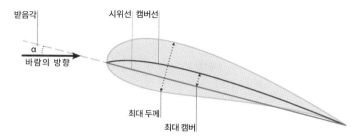

받음각
시위선 캠버선
α
바람의 방향
최대 두께
최대 캠버

비행기 날개의 시위선과 캠버선, 받음각은 양력을 발생시키는 주요소다.

감소하고 항력이 증가하여 비행에 불리해진다.

또한 날개의 윗면과 아랫면의 중점을 차례로 연결한 캠버선camber line 역시 받음각 못지않은 비행의 중요한 요소다. 모든 비행기 날개는 양력을 최대로 받기 위해 볼록한 캠버를 가진다. 만일 비행기 날개가 현재 모습과 반대로 위는 평평하고 아래가 볼록하면 양력이 아닌 아래로 누르는 힘이 작용할 것이다. 이를 공학적으로 이용한 것이 포뮬러 자동차의 뒷날개spoiler다. 최고 시속 350km에 달하는 포뮬러는 빠른 속도로 인해 발생하는 양력을 이기지 못하고 운행 중에 차체가 뒤집히기도 한다. 따라서 땅에 잘 달라붙어 달릴 수 있도록 자동차를 설계해야 하는데, 차량의 무게를 늘리면 그만큼 속도가 느려지는 문제가 발생한다. 공학자들은 고민 끝에 포뮬러의 뒷날개를 비행기 날개를 뒤집은 형태로 설계하였다. 이는 하향력down force을 발생시켜 접지성을 높이며 빠른 속도로 코너를 문제없이 돌 수 있게 해준다.

최신 비행기는 비행 상황에 따라 날개 모양을 최적화하기 위해 날개 본체 앞과 뒤에 플랩과 슬랫을 관절처럼 연결하였다. 이륙 시에는 양력이 커야 하므로 플랩을 구부려 캠버를 증가시키고 순항 중에는 추가적인 양력이 필요 없기 때문에 플랩을 펴서 항력을 최소화한다.

추가적으로 비행의 원리를 공기 흐름이라는 유체역학적 관점에서 살펴보면 날개 주변의 회전 기류와 직선 기류의 합으로 설명된다. 날개 뒤쪽의 뾰족한 가장자리에서 공기 흐름이 매끄럽게 만나는데, 이를 쿠타 조건Kutta condition이라 한다. 이 과정에서 비행기 날개는 회전하지 않지만 회전하는 공에 작용하는 마그누스 힘처럼 비회전 유동과 순환 유동이 중첩된다.

이때 양력의 크기는 다음과 같다. 비점성 이론에 따르면 균일한 흐름 내에 잠긴 실린더의 단위 깊이당 양력은 유체의 밀도, 유체의 속도, 순환의 곱으로 표현된다.

$$L = \rho U_\infty \Gamma$$

(L은 양력, ρ는 밀도, U_∞는 속도, Γ는 순환)

여기서 순환은 물체의 크기 및 형상에 따라 결정되며, 양력의 방향은 유동에 수직이다. 이를 독일의 수학자 마틴 쿠타Martin Kutta와 러시아의 유체역학자 니콜라이 주코프스키Nikolay Zhukovskiy 이름

주코프스키 공항은 모스크바 근처 도시 주코프스키에 위치하고 있는데, 도시 이름 자체가 니콜라이 주코프스키의 이름에서 유래하였다.

을 따서 쿠타-주코프스키의 정리$^{\text{Kutta-Joukowski theorem}}$라 한다.

참고로 주코프스키는 러시아 항공의 아버지라 불리며 국민적 영웅으로 추대받는다. 그를 기리는 우표가 발행된 바 있으며, 모스크바에는 그의 이름을 딴 주코프스키 공항이 있다. 이처럼 외국에는 과학자 이름에서 유래한 공항이 많은데, 루마니아의 코안다 공항, 세르비아의 니콜라 테슬라 공항, 폴란드의 브로츠와프-코페르니쿠스 공항, 이탈리아의 레오나르도 다빈치 공항 등이 있다.

미래의 비행

여객기의 운항 속도는 의외로 수십 년간 거의 변화가 없었다. 초음속 여객기 콩코드^{Concorde}를 떠올려보면 오히려 퇴보하였다고 볼 수도 있다. 1976년 취항한 콩코드의 비행 속도는 마하 2로 영국 런던에서 미국 뉴욕까지 3시간 반만에 도착하였다(마하^{Mach, M}는 속도 단위로 공기 중 소리의 이동 속도인 1,224km/h를 기준으로 한다). 하지만 현재의 여객기로는 최소 7시간 이상 소요되어 이동 시간이 두 배나 늘어났는데, 그 이유는 엄청난 속도를 자랑했던 콩코드가 2003년 역사 속으로 사라졌기 때문이다.

비행기가 초음속으로 날기 위해서는 몸체가 매우 날렵해야 한다. 따라서 승객을 최대 100명 정도만 태울 수 있다. 반면 연료 소모량은 상상하기 어려울 정도로 어마어마하다. 이로 인해 콩코드 탑승 요금은 일반 비행기의 15배에 달하였음에도 불구하고 수지타산을 맞추기가 어려웠다. 또한 빠른 속도만큼이나 굉음, 일명 음속 폭음^{sonic boom}도 너무 커서 정서적으로 불편한 점도 있었다. 콩코드는 이러한 문제점에도 불구하고 수십 년간 운행을 지속하였는데, 이는 초기 투자 비용이 막대하여 중간에 손실이 계속 발생해도 사업을 중단하지 못했기 때문이다. 경제학

세계 최초의 초음속 여객기 콩코드는 과다한 연료 소비와 소음, 높은 운임 등으로 생산 및 운행이 중단되었다.

에서는 이처럼 매몰 비용^{sunk cost}으로 인해 잘못된 판단을 계속 유지하는 상황을 콩코드 오류^{Concorde fallacy}라 한다.

오늘날 교통수단은 속도 경쟁보다 친환경에 초점이 맞추어져 있다. 특히 항공업은 전 세계 온실가스 총 배출량의 2.5%를 담당하여 온실가스 감축 압력을 많이 받고 있는 산업이다. 이에 공기 저항을 줄여 연료 효율을 증가시킴으로써 이산화탄소 배출량을 줄이려는 노력이 시도되고 있다.

독일의 항공사 루프트한자는 항공기 표면에 상어 비늘과 유사한 구조의 필름을 붙여 항공기의 운항 속도를 높이는 동시에 연료를 절감하는 신기술을 선보였다. 물과의 마찰 저항을 줄여 물속을 초고속으로 헤엄치는 상어 비늘의 원리를 응용한 생체모방기술로, 일명 에어로 샤크^{AeroSHARK}라 불린다. 상어 비늘에는 한쪽 방향으로 갈비뼈 같은 돌기가 존재하는데, 이를 리블렛

riblet이라 한다. 리블렛은 육안으로 관찰할 수는 없고 현미경으로 확대해야 자세히 볼 수 있는 있는 10~100μm 크기다. 리블렛이 만드는 미세한 소용돌이는 주변 물의 흐름과 상어 피부 사이의 마찰을 감소시키는 역할을 한다.

루프트한자 항공은 이 기술을 유럽-아시아 대륙 간 국제노선에 투입되는 보잉 747기에 실험 적용하였다. 여객기 기체 하부에 약 800m² 면적에 걸쳐 머리카락 굵기의 절반 수준인 50μm 높이의 미세 돌기가 달린 얇은 필름을 부착하였다. 계산에 따르면 비행 시 주변 공기와 마찰을 줄여 연간 3,700톤의 연료 절약과 11,700톤의 이산화탄소 배출 감축 효과가 발생한다. 이는 유럽-아시아 구간 비행 48회에서 배출되는 이산화탄소와 같은 양이다.

현재 항공사 여객기들은 2050년까지 점진적으로 전기 비행기와 같은 무탄소 배출 항공기들로 대체될 것이다. 따라서 향후 약 30년 항공 기술의 혁신을 거치는 동안 에어로샤크 기술은 활발히 응용될 것으로 전망된다.

한편 한국자동차연구원에 따르면 2021년 전 세계 전기 자동차 판매량은 약 472만 대로 2020년에 비해 112%나 증가하였다. 우리나라 또한 2021년 전기 자동차 판매량이 약 10만 대를 기록하며 전년보다 100% 이상 늘었다. 자동차 분야도 전기 자동차가 대세이듯 아직 대중화되지는 않았지만 전기 비행기에 관한 연구도 꾸준히 진행 중이다. 비행기의 탄소 배출량은 전체의 약 3%

수준이지만 해가 갈수록 그 비율이 늘어나고 있기 때문이다.

　전기 자동차가 최근 각광받고 있지만 최초의 전기차는 의외로 내연 기관이 발명되기 30년 전인 1834년 스코틀랜드의 로버트 앤더슨^{Robert Anderson}에 의해 발명되었다. 그리고 놀랍게도 라이트 형제의 첫 비행 이전에 전기를 이용한 비행도 시도되었다. 최초의 비행선^{airship} 라 프랑스^{La France}는 1884년 23분 비행에 성공했지만 전기 자동차와 마찬가지로 내연 기관 비행기에 밀려 큰 주목을 받지 못했다. 참고로 능동적인 비행기와 달리 수동적인 비행선은 큰 기구 속에 공기보다 더 가벼운 헬륨이나 수소를 넣어 그 힘으로 둥둥 떠서 공중을 날아다니도록 만든 항공기다.

　현재의 비행기를 전기 비행기로 대체하는 데 가장 큰 어려움은 에너지 효율이다. 동일 무게 기준으로 배터리 효율이 연료 효율의 2~3%에 불과하기 때문이다. 즉 전기 배터리는 에너지 밀도^{energy density}가 낮아 연료보다 수십 배 무거운 배터리가 필요하다. 가령 세계 최대 여객기인 에어버스 A380은 1회 비행에 600명의 승객과 화물을 싣고 15,000km를 날 수 있다. 하지만 에어버스 A380의 연료를 동일한 무게의 배터리로 교체하면 운행 거리는 1,000km에 불과하다.

　또한 전기 비행기는 착륙 조건에도 불리하다. 비행기가 안전하게 착륙하기 위해서는 최대 착륙 중량^{maximum landing weight} 이하가 되어야 한다. 간혹 비행기가 정상 운행을 마치지 못하고 급한 사유로 조기 착륙해야 할 때 일정 중량 이하로 도달하기 위해 어쩔 수 없이 상공에 연료를 방출^{fuel dumping}하는 이유이기도 하다. 하지만 배터리는 운행 중 연소되어 사라지는 연료와 달리 무게 변화가 없어 착륙에 불리하다.

이러한 문제점을 극복하기 위해서는 단순히 연료를 배터리로 대체하는 것이 아니라 완전히 새로운 구조로 바뀌어야 한다. 구체적으로는 배터리의 고효율화뿐만 아니라 다수의 소형 추진 장치를 기체 곳곳에 배치하는 분산 추진^{distributed propulsion} 기술도 연구 중이다. 또한 최대 착륙 중량 문제를 회피하기 위해 무인 또는 1~10인용 소형 비행기 위주로 전기 비행기 기술이 개발되고 있다.

최근 '항공업계의 테슬라'라 불리는 이스라엘의 스타트업 이비에이션^{Eviation}이 개발한 전기 비행기 앨리스^{Alice}는 초기 개발을 마치고 시험 비행을 앞두고 있다. 앨리스는 조종사 2명과 승객 9명을 태울 수 있는 상업용 여객기로 최대 1,000km 운행이 가능할 것으로 예상된다. 비록 순항 속도는 시속 440km로 일반 여객기의 절반 수준이지만 저렴한 비용과 30분이라는 짧은 충전 시간이 장점으로 손꼽힌다. 이 시험 비행이 성공적으로 끝난다면 전기 비행기의 상용화에 한발 더 다가설 수 있을 것으로 전망된다.

4장

✳

가라앉을 수 없는 배

타이타닉 침몰

(1912년 4월 14일)

북대서양 망망대해를 지나는 거대한 여객선 어딘가에서 경쾌한 선율이 끊임없이 울려 퍼졌다. 반대편의 3등실에는 악단의 연주 대신 거친 엔진 소리만이 들릴 뿐이었으나, 이곳에서도 아메리칸 드림을 꿈꾸는 사람들이 내뿜는 희망찬 분위기가 흘러넘쳤다. 그렇게 평화롭고 유쾌한 분위기는 영원히 이어질 것만 같았다. 적어도 곧 다가올 운명의 순간이자 역사적 비극 직전까지는 그러했다.

가라앉을 수 없는 배

세상에서 가장 큰 여객선

1861년부터 4년간 노예제 존속을 둘러싸고 벌어진 남북 전쟁이 에이브러햄 링컨^{Abraham Lincoln} 대통령이 이끈 북군의 승리로 끝나고 미국의 영토는 해가 갈수록 팽창하였다. 미국은 애초에 이민자들이 세운 나라였던 덕에 이주민들에게 관대하여 인구도 날로 증가했다. 남북 전쟁 직전 3,000만 명이었던 인구는 30년 만에 두 배, 50년 만에 세 배로 늘었다.

이 시기에 토머스 에디슨^{Thomas Edison}, 니콜라 테슬라^{Nikola Tesla} 등 역사에 길이 남을 과학자들이 기술 개발을 주도하였고 미국 문학의 아버지 마크 트웨인^{Mark Twain}은 사회 풍자로 사실주의 문학의 선구자가 되었다. 또한 서부 개척 시대 이후 미국 전역에 깔린 철도망은 여객과 화물을 각지로 실어 나르며 산업 전반에 걸쳐 급격한 발전을 이끌었다. 20세기 초 미국은 그야말로 풍요로운 미래가 보장되는 기회의 땅^{land of opportunity}이었다.

1912년 4월 11일 당시 세상에서 가장 큰 여객선이 영국 사우샘프턴을 출발하여 미국 뉴욕으로 향했다. 이 배의 길이는 축구장의 두 배로 무려 269m에 달하였고, 이름은 타이타닉^{Titanic}으로 그리스 로마 신화의 신족 티탄^{Titan}에서 유래하였다. 타이탄은

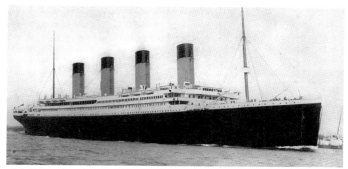
타이타닉은 이중 바닥, 16개의 방수 격실, 특정 수위가 되면 자동으로 닫히는 문 등 당대 최고의 기술이 접목되었으나 결국 바닷속으로 가라앉고 말았다.

'아주 거대한'이라는 의미로 다양한 분야에 쓰인다. 자동차에서는 주로 커다란 트럭을, 천문학에서는 토성의 위성 중 가장 큰 것을 타이탄이라 부른다. 또한 세계에서 가장 큰 꽃을 피우는 식물의 이름은 타이탄 아룸titan arum으로 그 높이가 3m에 이른다. 타이타닉 역시 이름에 걸맞은 초대형 여객선으로 2,264명의 승객을 태우고 출항하였다.

오늘날 전 세계인들은 타이타닉을 비극의 대명사 또는 영화의 제목으로 기억하고 있지만 당시로서는 그야말로 첨단 과학 기술의 아이콘이었다. 20세기 들어 현대 과학 기술은 급격히 발전하였다. 1903년 미국의 자동차 왕 헨리 포드Henry Ford는 자동차 회사를 설립하고 조립 라인 방식에 의한 양산 체제인 포디즘Fordism의 기반을 다졌다. 같은 해 오빌 라이트와 윌버 라이트 형제는 동력 비행기 플라이어를 조종하여 인류 최초로 지속적인

가라앉을 수 없는 배

비행에 성공하였다. 또한 1909년 완공된 미국 뉴욕의 메트로폴리탄 생명보험 타워Metropolitan Life Insurance Company Tower는 무려 50층, 높이 213m로 요즘 기준으로 봐도 초고층 빌딩이라 할 수 있다. 이처럼 인간의 기술력에 한층 자신감을 얻은 시점에 당시 최고의 조선 기술로 건조되었으며, 역대 가장 큰 여객선인 타이타닉에 대해 혹자는 '신도 침몰시킬 수 없는 배', 즉 불침선The Unsinkable이라 불렀다.

운명의 시간은 뜻밖에 빨리 다가왔다. 출항 나흘째인 1912년 4월 14일 밤 11시 40분경 칠흑 같은 어둠 속을 운항하던 타이타닉의 갑판 선원 프레드릭 플리트 ^{Frederick Fleet}는 450m 전방에 20m 높이의 빙산을 발견하였다. 그는 재빨리 "Iceberg, right ahead(빙산, 바로 앞에)!" 라고 외쳤다. 선장은 급히 배의 속도를 줄이고 방향을 틀었으나 빙산을 피하기에는 그 거리가 너무 가까웠다. 결국 빙산에 서서히 접근하여 정면으로 부딪히지는 않았지만 오른쪽 뱃머리가 빙산과 충돌하였다.

타이타닉은 첨단 기술로 제작되었기에 바닥은 한 층이 아닌 두 층으로 이루어져 있었다. 즉 배의 바닥은 중간에 공간을 두고 두 겹으로 만든 이중저^{double bottom}였다. 이는 선체의 강도를 증가

배 전체가 한 겹의 벽인 단일 선체(좌), 바닥만 두 겹인 이중저(중), 배 전체가 두 겹인 이중 선체(우)

시키고 외판이 손상되더라도 해수가 배 안으로 침입하는 것을 막기 위하여 고안된 설계 방식이다. 이러한 대비에도 불구하고 불운하게도 빙산과 충돌한 타이타닉의 오른쪽 뱃머리는 이중 구조가 아니었다. 충돌과 동시에 선체 일부가 부서졌고 곧바로 바닷물이 배 안에 차기 시작했다.

참고로 오늘날 바닥뿐 아니라 선박 전체를 이중벽으로 제작하는 배를 단일 선체$^{single hull}$와 구분하여 이중 선체$^{double hull}$라 한다. 이중 선체는 외벽의 파손 시 바닷물이 들어오는 것을 차단하는 목적도 있지만 유조선처럼 석유를 운반하는 경우에는 반대로 유출을 막아 해양 오염을 방지할 수 있다는 장점이 있다. 하지만 이중 선체는 벽이 두꺼워진 만큼 배 안의 공간이 좁아진다는 단점도 있다. 또한 부력이 증가하여 선체가 불안정해지므로 중심을 잡아 주는 밸러스트 탱크$^{ballast tank}$의 용량도 그만큼 커져야 한다.

사실 타이타닉은 빙산을 뒤늦게 발견하기는 했지만 속도를 최대한 낮추어 충격량을 최소화하였다. 그럼에도 불구하고 선체가 크게 파손된 이유는 부족한 제련^{smelting} 기술에서 원인을 찾을 수 있다. 현대와 달리 당시에는 강철에 황^S, 인^P 등이 많이 섞여 있었는데, 이러한 불순물은 강도를 떨어뜨리는 주요소다. 또한 금속은 온도가 낮을수록 충격에 약하다. 외부에서 힘을 받았을 때 물체가 변형되지 않고 부서지는 취성^{brittleness}을 가지고 있기

타이타닉 건조 당시의 기술력으로는 큰 하중을 견딜 만큼 튼튼한 리벳을 만들 수 없었다.

때문이다. 예를 들어 차가운 곳에서 딱딱하게 굳은 엿은 상온의 물렁한 엿에 비해 충돌 에너지를 흡수하지 못해 쉽게 부러지는 것과 같은 원리다. 만일 타이타닉의 충돌이 따뜻한 여름에 발생했다면 선박의 파손 정도가 덜했을 가능성이 높다.

추가로 선체를 접합하는 데 사용했던 리벳rivet의 강도가 약했다는 점도 주요 문제였다(자세한 내용은 5장의 '당밀의 위협' 참고). 미국 존스홉킨스대학교 제니퍼 후퍼 매카티Jennifer Hooper McCarty 박사와 국립표준기술연구원 팀 포엑 Tim Foecke 박사는 2008년 출간한 저서 <무엇이 타이타닉을 침몰시켰는가What Really Sank the Titanic>에서 불량 리벳을 타이타닉 침몰의 주범으로 지목하였다. 연구진은 타이타닉의 잔해에서 찾은 리벳을 당시에 만들어진 정상적인 리벳과 비교하였다. 그 결과 문제의 리벳이 철의 강도를 약하게 만드는 찌꺼기^{slag} 성분을 다른 제품보다 3배 이상 함유하고 있다는 사실을 밝혀냈다.[1]

또한 타이타닉은 충돌로 침수되는 것을 국부적으로 차단하기 위해 수밀 구획$^{watertight\ compartment}$으로 나누었으나 제 역할을 하지 못하였다. 수밀 구획은 건물에서 화재가 발생했을 경우 불이 전체로 번지지 않도록 방화문 또는 방화셔터 등으로 만든 방화 구획$^{fire\ partition}$과 유사한 원리다. 차라리 수밀 구획이 없었다면 물이 배 전체로 퍼져 수평을 유지하여 오히려 침몰 시간을 늦추었을 것이라는 의견도 있다.

이러한 복합적인 이유로 빙산과의 충돌 3시간 경과 후 결국 차가운 바닷물은 타이타닉을 완전히 집어삼켰다. 이 사고로 인해 안타깝게도 탑승객 2,224명 중 68%에 해당하는 1,514명이 사망하였고, 이후 유사 사고가 재발하지 않도록 기술적, 제도적 개선이 꾸준히 이루어졌다.

빙산의 일각

인류가 심혈을 기울여 제작한 첨단 기술의 결정체는 자연이 만든 거대한 구조물인 빙산을 당해내지 못하고 결국 좌초되어 침몰하였다. 현대인에게 얼음의 이미지는 남극의 빙산보다 아이스 아메리카노에 가까워 일상적이고 사소하게 느껴진다. 하지만 얼음의 크기가 산만큼 커진다면 이야기가 달라진다. 그 얼음 덩어리가 수많은 생명을 위협할 수 있기 때문이다.

이처럼 무시무시한 얼음은 어떠한 성질을 가지고 있을까? 일반적으로 고체가 액체로 변하면 물질을 이루는 입자들이 에너지를 얻어 운동이 활발해지며 입자 사이의 거리가 멀어진다. 따라서 대부분의 고체는 액체가 될 때 질량은 변하지 않지만 부피가 늘어난다. 하지만 고체인 얼음이 액체인 물이 될 때는 오히려 부피가 줄어든다. 얼음은 가장 안정적인 상태인 육각형 구조를 이루는데, 이때 분자 사이에 빈 공간이 있고 분자 간의 거리도 비교적 멀다. 얼음이 녹아 물이 되면 이러한 결합이 깨지고 육각형 구조 안의 빈 공간에도 물 분자들이 자유롭게 들어갈 수 있어서 얼음일 때보다 부피가 감소한다. 따라서 엉성한 분자 구조의 얼음은 상대적으로 공간이 차 있는 물보다 밀도가 낮다.

고대 그리스의 수학자이자 물리학자인 아르키메데스가 밝힌 원리 Archimedes' principle에 의하면 일반적으로 물속의 얼음은 전체 부피의 92%만 물에 잠기고, 8%는 물위로 뜬다. 달리 말하면 얼음의 비중은

빙산의 일각은 어떤 일의 대부분이 숨겨져 있고 겉으로 드러나는 것은 극히 일부분에 지나지 않는다는 뜻으로, 물속에 감추어져 있는 얼음에서 유래하였다.

0.92다. 이는 순수한 물과 얼음에 해당하며 실제 바다 위 빙산은 이와 조금 다르다. 우선 바닷물에는 염화나트륨, 마그네슘, 칼륨, 칼슘 등의 성분이 녹아 있어 비중은 물보다 약간 높은 1.025 수준이다. 참고로 이스라엘과 요르단에 위치한 사해 Dead Sea의 염분 함유량은 약 31.5%로 일반 바닷물의 9배 수준이며, 비중은 약 1.25 정도다.

다음으로 빙산도 일반 얼음과는 차이가 있다. 남극의 빙산은 눈이 다져진 얼음으로 중간에 공기층이 있어 비중은 일반 얼음보다 낮은 0.8 정도다. 따라서 남극의 커다란 빙산도 예외 없이 전체의 약 22%만 물 밖으로 그 모습을 보여주고 있어 '빙산의 일각 tip of an iceberg'이라는 말이 탄생하였다. 따라서 일각만 보고 빙산을 무시하면 타이타닉처럼 그 아래 숨어 있는 얼음에 큰코다칠 수 있다.

초대형 빙산 옮기기 ✒

석유보다 물이 귀한 중동에서는 담수를 얻기 위해 수단과 방법을 가리지 않는다. 바닷물을 담수로 바꾸는 기술도 꾸준히 발전하고 있지만 역사적으로 가장 기상천외한 발상은 남극의 거대한 빙산을 중동으로 끌고 온다는 아이디어다. 빙산은 바닷물과 달리 담수로 이루어져 있기 때문이다. 실제로 어마어마한 크기의 빙산을 이사하는 초대형 프로젝트가 계획된 적이 있다.

1977년 사우디아라비아의 왕자 모하메드 빈 파이살 알 사우드Mohammed bin Faisal Al Saud는 연간 강수량이 100mm밖에 안 되는 자국의 물 부족 문제를 해결하기 위해 빙산을 이용하기로 마음먹었다. 핵잠수함으로 남극에 위치한 빙산을 약 15,000km 떨어진 사우디아라비아까지 끌어오겠다는 야심 찬 계획을 세운 것이다. 프랑스의 극지 탐험가 폴 에밀 빅터Paul-Emile Victor는 길이 1마일(1.6km), 폭 900야드(823m), 높이 750야드(686m)의 빙산을 플라스틱 덮개로 싸서 시속 1마일로 이동시킨다는 그럴듯한 의견을 제시하였다. 이 프로젝트가 성공한다면 1억 달러의 비용으로 약 2,500만 갤런의 담수를 얻을 수 있을 것으로 예상하였다. 하지만 뜨거운 인도양을 통과하는 과정에서 빙산의 상당 부분이 녹아내릴 것이라는 현실적인 이유에서 실현되지 못했다.

그로부터 수십 년이 지났지만 여전히 담수 공급 문제를 해결하지 못한 아랍에미리트의 사업가 압둘라 알셰히^{Abdulla Alshehhi}는 가로 2km, 세로 500m 크기의 빙산을 옮기는 프로젝트를 계획 중이다. 빙산의 운반 비용은 약 1,000억 원, 이동 거리는 약 8,800km, 소요 시간은 10개월 정도로 예상된다. 전문가들의 계산대로 인도양을 거치며 전체 빙산의 30%가 녹더라도 100만 명이 5년 동안 마실 수 있는 양의 물을 충당할 것이라는 의견도 있다. 만일 이 프로젝트가 성공한다면 축구장 140개를 동시에 옮기는 지구상에서 가장 큰 규모의 이사가 될 것이다. 과연 거대한 산을 옮기려 했던 우공의 현대판 이야기는 현실이 될 수 있을까?

수리 모형 실험

~~~~~~~~~~~~~~~~~~

　타이타닉 사례에서 볼 수 있듯이 선박에 문제가 생기면 주로 대형 사고가 발생하기 때문에 사전에 더욱 철저한 설계와 예비 실험이 필요하다. 하지만 자동차와 달리 수백 미터에 달하는 대형 선박을 미리 제작한 후 실제 환경인 바다에서 다양한 실험을 하는 것은 현실적으로 불가능하다. 따라서 선박을 원래 모양 그대로 축소하여 모형을 만들고 수조에서 실험을 진행하는데, 이를 수리 모형 실험^{hydraulic model test}이라 한다.

　하지만 실험실에서는 바다에서 일어나는 실제 현상을 완벽하게 재현할 수 없다. 소요 시간과 비용의 제약으로 인해 환경 조건을 단순화하여 실험하기 때문이다. 또한 선박의 비율대로 축소한 모형을 제작하여도 현실과 다른 물리적 현상이 발생한다. 따라서 중력 가속도, 직경, 유속을 무차원화한 프루드 수^{Froude number}를 실제 상황에 맞추어 실험한다.

$$Fr = \frac{U}{\sqrt{gD}}$$

(Fr은 프루드 수, g는 중력 가속도, D는 직경, U는 유속)

이 수는 1870년대 영국의 엔지니어이자 유체역학자 윌리엄 프루드[William Froude]가 선박 모형 실험을 하며 얻은 측정값을 실제 크기의 수치로 환산할 때 처음 사용하였다. 이러한 해석 방법을 프루드 상사 법칙이라 하는데, 상사 법칙[similarity law]은 자연에서 일어나는 현상과 실험에 의해 재현되는 현상의 규모[scale]가 다를 때 그 둘 사이의 물리량을 관련지어 해석하는 방식이다. 이때 단순히 크기에 비례하여 치수만 줄이는 기하학적 상사[geometric similarity] 외에도 속력, 운동량과 관련된 운동학적 상사[kinematic similarity], 동역학적 상사[dynamic similarity]를 최대한 맞춰야 현실과 유사한 실험 결과를 얻을 수 있다.

수리 모형 실험을 할 때 상사 법칙 외에 중요한 요소는 실제 바다와 최대한 유사한 환경을 만드는 것이다. 특히 인공 파도를 실제와 얼마나 비슷하게 구현하느냐가 실험의 성패를 좌우하기도 한다. 해양학에서 인공 파도에 관한 연구는 1900년대 초부터 이루어졌다. 영국의 수학자이자 물리학자 토마스 해브록[Thomas Havelock]은 평소 빛의 파동에 대해 연구하였는데, 이는 파도의 파동과 밀접한 관련이 있음을 알게 되었다. 그가 1929년에 발표한 논문 <LIX. Forced surface-waves on water>은 물위의 강제파[forced wave]를 미분 방정식을 이용하여 해석한 내용이다.[2]

인공적으로 파도를 만드는 조파기[wave maker]는 조파판, 펌프, 선풍기로 구성되어 있다. 수조에 물을 담은 후 조파판을 정교하게 움직여 파도의 높이나 길이 등을 조절함으로써 원하는 형태의 파도를 일으킨다. 이때 조파판을 앞뒤로 움직이는 직선 운동 방식을 피스톤식$^{piston\ type}$, 새 날갯짓처럼 한쪽을 고정시키고 반대 방향만 진자 운동하는 방식을 플랩식$^{flap\ type}$, 쐐기 모양의 물체를 물속에서 빼내는 방식을 웨지식$^{wedge\ type}$이라 한다. 이는 만들고자 하는 파도의 형태에 따라 달리 사용되는데, 수심이 얕은 해안가의 파도를 구현할 때는 피스톤식, 비교적 수심이 깊은 바다의 파도를 만들 때는 플랩식이나 웨지식을 이용한다.[3]

카메론 감독의 프로젝트

수리 모형 실험과 프루드 상사 법칙, 인공 파도 등에 관한 연구는 100년 전 대서양 한복판에서 일어났던 사건을 실험실에서 그대로 재현할 수 있게 만들어 주었다. 영화 <타이타닉>의 지휘봉을 잡은 캐나다의 영화감독 제임스 카메론James Cameron은 타이타닉 침몰 100주년을 앞두고 사고의 과학적 원인 규명을 위한 프로젝트를 진행하였다. <타이타닉>은 전 세계적으로 22억 달러의 수익을 기록하고 관객과 평단 모두의 호평을 받았지만, 영화 제작에 설정된 침몰 시나리오에서 빙산과의 충돌 후 침수 과정 및 선각 붕괴 메커니즘에 과학적 오류가 발견되었기 때문이다.

카메론은 어린 시절부터 영화보다 해양 탐사에 더욱 큰 흥미를 느꼈을 정도로 평소 과학에 관심이 많으며, 미국 캘리포니아 주립대학교에서 물리학을 전공하였다. 또한 그는 2012년 딥시 챌린저Deepsea Challenger라 불리는 잠수정을 직접 운행하여 지구상에서 가장 깊은 마리아나 해구를 탐험한 적도 있다. 카메론이 SF 영화의 전설이 된 <터미네이터>와 <아바타>를 제작한 것은 결코 우연이 아니었다.

카메론과 미국 해군사관학교 연구진은 타이타닉의 침몰 과정

컴퓨터 시뮬레이션에 따르면 배가 수직으로 침몰한 영화와 달리 23°에서 두 동강이 나며 가라앉았다(J. W. Stettler and B. S. Thomas, 2013).

을 구조역학적 측면에서 분석하였다. 연구 목적은 타이타닉이 빙산과 충돌한 후 진행된 침수, 침몰 및 구조적 파손을 정확하게 모델링, 시뮬레이션 및 평가하는 것이다. 이를 위해 연구진은 선박설계의 핵심 기술인 비선형 구조역학 분야의 세계적 권위자로 인정받는 부산대학교 조선해양공학과 백점기 교수에게 자문을 요청하였다. 백점기 교수는 조선해양 분야의 양대 노벨상으로 불리는 미국조선해양공학회의 데이비드 테일러 메달^{David Taylor Medal}과 영국왕립조선학회의 윌리엄 프루드 메달^{William Froude Medal}을 모두 수상하였다. 또한 영국왕립조선학회는 백점기 교수의 업적을 기리기 위해 구조역학 분야 35세 이하 최우수 연구자에게 시상하는 백점기 상^{Jeom Kee Paik Prize}을 제정하였다.

이러한 끈질긴 연구 끝에 <타이타닉>에서 배가 90°가량 기울어진 상태에서 부서진 것은 사실이 아님이 밝혀졌다. 2013년 조선해양공학 학술지 <Ships and Offshore Structures>에 발표된 논문에 따르면 타이타닉이 빙하에 부딪힌 뒤 약 23°로 기운 시점에 두 동강이 났다. 연구진은 당시 자료를 참고하여 선박의 크기와 형태는 물론 내부 구조까지 똑같이 모델링한 후 유량 방정식으로부터 침수되는 과정을 시뮬레이션하였다. 이를 통해 시간에 따른 침수량과 굽힘 하중bending moment을 계산하였으며, 선체가 23° 정도 기울었을 때 배 중심부에서 최대 굽힘 하중을 받는다는 사실도 밝혔다.[4]

카메론은 타이타닉이 한 번에 완전히 부러지지 않고 잠시나마 버틸 수 있었던 이유를 바나나 이론banana theory으로 설명하였다. 선박의 본체는 마치 반으로 쪼개진 바나나처럼 두 동강이 났지만 이중저가 껍질처럼 버티고 있었던 것이다. 카메론은 본인이 연출한 영화의 비과학적인 대목과 오류를 바로잡는 차원에서 내셔널 지오그래픽을 통해 타이타닉의 탐사와 실험 과정을 다큐멘터리 형식으로 공개하였다.[5]

타이타닉에 관한 9가지 이야기

(1) 빙산을 멀리서 발견하지 못한 이유는 어처구니없게도 평소 사용하던 쌍안경함의 열쇠를 항구에 두고 왔기 때문이다. 게 다가 당시 탐조등도 없었고 하늘에 구름이 끼어 있어서 달빛 조차 없는 악조건이었다.

(2) 타이타닉은 영국 로이드 보험사에 손해 보험을 들었는데, 배 가 침몰하면서 로이드는 보험금으로 140만 파운드를 지급했 다. 이를 현재 화폐 가치로 환산하면 약 700억 원이다.

(3) 2012년 타이타닉의 오케스트라 단원이 쓰던 바이올린이 경 매에 부쳐져 약 15억 원에 낙찰되었다.

(4) 타이타닉 탑승 당시 생후 9주의 아기였던 밀비나 딘 Millvina Dean 여사가 2009년 5월 31일, 97세를 일기로 세상을 떠남으 로써 타이타닉 사고의 마지막 생존자로 기록되었다.

(5) 미국의 소설가 모건 로버트슨 Morgan Robertson 이 1898년에 쓴 소설 <The Wreck of the Titan>의 줄거리는 타이탄이라 는 이름을 가진 배가 4월 북대서양에서 빙산에 부딪혀 침 몰한다는 내용으로 타이타닉 침몰을 예견한 것이라는 소 문이 돌았다.

(6) 타이타닉 침몰로 목숨을 잃은 사람 중 가장 부자는 미국의 사업가 존 제이콥 애스터 4세^{John Jacob Astor IV}로 재산이 8,700만 달러였으며, 이는 현재 가치로 약 2조 8천억 원이다.

(7) 타이타닉 탑승객의 전체 생존율은 32%이며, 남성 20%, 여성 74%, 어린이 51%이다. 객실별로는 1등실 62%, 2등실 41%, 3등실 25%이다.

(8) 타이타닉 침몰 순간 멈춘 유일한 회중시계가 강릉시 정동진 시간박물관에 전시되어 있다.

(9) 타이타닉 관련한 거의 모든 자료를 모아 놓은 사이트 https://www.encyclopedia-titanica.org

침몰, 그 이후

인류는 대참사로 인한 안타까운 희생을 헛되이 하지 않았다. 타이타닉 사고 이후 개발 및 보완된 기술은 오늘날 선박의 안전한 항해를 돕고 있다. 대표적인 예가 제2차 세계 대전 중 영국의 기술자 로버트 왓슨-와트^{Robert Watson-Watt}가 적군 탐지를 위해 발명한 레이더^{RADAR, RAdio Detection And Ranging} 기술이다. 선박에서도 레이더를 활용하여 장애물을 탐지하고 그 거리를 정확히 측정할 수 있게 되었다. 이는 전파가 직진하고, 물체에 부딪치면 반사되며 일정한 속도로 나아가는 특성을 이용한 것이다.

또한 인공위성을 활용한 전 지구 위치 측정 시스템^{GPS, Global Positional System}으로 바다 위 선박의 정확한 위치를 알 수 있게 되었다. 이는 안전한 항해 차원을 넘어 무인 선박 개발의 주요 기술이 되었다. 향후 인공 지능과 GPS 기술이 결합되면 무인 자동차처럼 선박 역시 무인으로 항해할 수 있을 것으로 기대된다.

사고 이후 기술의 발전에 그치지 않고 법적 장치의 보완도 함께 행해졌다. 대표적인 예가 1914년 처음 맺어진 솔라스 협약^{SOLAS, Safety Of Life At Sea}이다. 이는 배의 구조, 구명 설비, 무선 전신 등 설비 기준과 안전한 항해를 위한 원조 등을 규정한 국제

가라앉을 수 없는 배

조약이다. 솔라스 협약의 주요 내용은 선박의 구조에 관한 것으로 설계와 건조, 구획 및 복원성, 핵심 추진 설비와 전기 설비 및 조종 설비를 포함하고 있다. 구조와 관련된 안전상의 핵심 고려 요소는 선박이 비손상 상태는 물론 부분 손상을 입은 경우에도 해상에 계속해서 떠 있을 수 있도록 하는 것이다. 이후 기술의 발전과 시대적 요청에 따라 내용이 4번에 걸쳐 개정되어 현재 1974년의 조약(SOLAS 1974)으로 수정 및 보완되었다.[6]

고대인들은 하늘의 천체를 보고 바닷길을 어림짐작하여 망망대해를 누볐다. 낮에는 태양, 밤에는 별을 관측하여 위치를 유추하고, 바람의 방향을 살피거나 심지어 새들이 나는 경로를 참고하기도 하였다. 선조의 수많은 경험과 시행착오 그리고 이를 바탕으로 습득한 항해술은 현대 과학을 만나 꽃을 피웠다. 타이타닉 사고는 안일한 운항, 부족한 제련 기술, 미흡한 설계 등 여러 요인의 복합적인 결과로 빚어진 안타까운 인재이지만, 아이러니하게도 여러 분야의 성장을 이끌었다. 그리고 사고 이후 기술의 획기적인 발전과 엄격해진 법적 조치 사항은 후손들의 항해에 훌륭한 나침반이 되고 있다.

5장

＊

검은빛의 파도

보스턴 당밀 홍수

(1919년 1월 15일)

'펑' 하는 굉음과 함께 정체를 알 수 없는 끈적끈적한 액체가 순식간에 도로를 점령했다. 이 무시무시한 파도는 빠른 속도로 주변의 사람과 말, 자동차를 휩쓸어 버렸다. 기차는 탈선하였고 마차는 바닥에 달라붙어 꼼짝할 수 없었다. 건물 14채가 장난감처럼 무너져 내렸고 거리의 모든 것들은 늪에 빠진듯이 한동안 또는 영원히 스스로 움직일 수 없게 되었다.

검은빛의 파도

희망찬 새해

보스턴은 미국에서 가장 오래된 도시 중 하나로 건국 초기부터 필라델피아, 뉴욕과 함께 미국을 대표하는 지역이다. 1773년 식민지 자치에 대한 지나친 간섭에 격분한 시민들이 영국으로부터의 차 수입을 저지하기 위해 선박을 습격하여 차 상자를 바다에 내버린 보스턴 차 사건^{Boston Tea Party}은 미국 독립운동의 불씨가 되었으며, 보스턴이라는 도시의 위상을 한껏 높였다.

보스턴은 교육의 도시이기도 하다. 1636년 미국 최초의 대학교인 하버드대학교가 설립되었고, 1861년에는 인근에 세계 최고의 공과대학 MIT가 개교하였다. 그 외에도 보스턴대학교, 버클리 음악대학, 웰즐리대학교 등 미국 내 손꼽히는 명문 대학교가 많아 요즘도 대학교 캠퍼스 투어를 하는 관광객이 끊이지 않는다.

한편 동쪽으로는 대서양을 접하고 있어 19세기에는 제조업과 무역의 중심지로 명성을 떨쳤고 경제적으로도 그만큼 풍요로웠다. 보스턴의 1910년도 인구는 2010년도 인구 61만 명보다 5만 명이 더 많을 정도로 도시 전역에 생기가 넘쳐흘렀다. 이러한 배경을 바탕으로 20세기 초반에 펜웨이 파크^{Fenway Park} 야구장, 원

1912년 개장한 펜웨이 파크는 현재 메이저 리그에서 가장 오래된 야구장이다.

예홀^{Horticultural Hall}, 이사벨라 스튜어트 가드너 박물관^{Isabella Stewart} ^{Gardner Museum}, 보스턴 오페라 하우스^{Boston Opera House} 등 건축학적 으로 의미 있는 건물들이 다수 지어졌다.

이처럼 넉넉하고 풍요로운 분위기에서 1919년의 보스턴은 어 느 해보다도 활기찬 공기로 새해를 열어젖혔다. 보스턴 레드삭스 의 앳된 투수 베이브 루스^{Babe Ruth}는 1916년 23승에 이어 1917 년 24승을 거두었고, 1918년에는 13승으로 다소 주춤하였지만 대신 타석에서 3할 타율을 기록하고 11개의 홈런으로 첫 홈런왕 자리에 올랐다. 그리고 그해 월드 시리즈에서는 3경기 선발 등판 하여 31이닝을 던지고 3승, 평균 자책점 0.87을 기록하며 레드삭 스를 우승으로 이끌었다. 이제 24살이 된 루스의 더 나은 미래 를 의심하는 사람은 아무도 없었다.

검은빛의 파도

보스턴 시민들은 1919년에도 레드삭스의 우승을 기대하며 희망찬 한 해를 꿈꾸었다. 하지만 그 꿈이 악몽으로 바뀌는 데에는 그리 오랜 시간이 걸리지 않았다. 새해를 맞이하고 불과 2주 후 핑크빛 가득했던 도시가 순식간에 검은빛으로 물들기 시작했다.

세계에서 가장 많이 재배하는 농작물

전 세계에서 가장 많이 재배하는 농작물은 놀랍게도 밀이나 옥수수, 쌀 같은 곡물이 아닌 사탕수수^{sugarcane}다. 2019년 기준으로 한 해 생산량이 약 19억 톤에 달하는데, 이는 2위 옥수수와 3위 밀을 합친 것보다 많다(자루 또는 낟알만 수확하는 옥수수, 밀과 달리 사탕수수는 줄기까지 수확하여 무게가 많이 나간다). 오늘날 전 세계 인구가 대략 78억 7천만 명임을 감안하면 1인당 250kg의 사탕수수가 경작되는 셈이다. 또한 사탕수수의 재배 면적은 2,600만 헥타르로 한반도보다 20% 정도 더 넓다.

사탕수수 농사의 주목적은 설탕이다. 사탕수수 줄기에는 당분을 가진 즙이 가득한데, 이를 짜낸 후 정제하여 설탕을 만든다. 이때 부산물로 나오는 검은빛의 즙액인 당밀^{molasses}은 영양분이 풍부하여 주로 사료나 비료로 사용되고, 특유의 풍미가 있어서 제과 제빵이나 증류주 럼^{rum}을 제조하는 데 쓰이기도 한다. 참고로 브라질의 전통주 카샤사^{cachaça}는 당밀이 아닌 사탕수수 즙으로 만든다는 차이가 있다.[1]

사탕수수는 곡물처럼 생산지에서 주로 소비되는 작물이 아니고, 대부분 가공하여 쓰이기 때문에 예로부터 수출입이 매우 활

사탕수수의 세계 최대 생산국인 브라질은 에탄올의 대부분을 당밀에서 얻는다.

발하였다. 중세 유럽에서 설탕 가격은 동일한 무게의 은과 비슷할 정도로 귀한 식재료였다. 이탈리아의 탐험가 크리스토퍼 콜럼버스Christopher Columbus가 아메리카 대륙을 발견한 후 유럽의 열강들은 앞다투어 삼각 무역을 시행하였다. 18세기 들어 유럽에서 아프리카로 면직물, 유리구슬, 총과 탄약 등을 넘겼고, 아프리카에서 카리브해 인근으로 설탕을 제조할 노예를 보냈다. 그리고 카리브 지역에서 생산된 설탕을 다시 유럽으로 가져가서 막대한 부를 축적하였다. 이른바 대규모의 삼각 무역이 행해진 것이다. 이는 카리브해를 배경으로 한 영화 <캐리비안의 해적>에서 잭 스패로우(조니 뎁Johnny Depp 분)가 즐겨 마시던 술이 럼인 이유이기도 하다.

이후 사탕무sugar beet를 원료로 한 설탕이 제조되면서 설탕 플랜테이션plantation은 서서히 사라지고, 이에 발맞춰 노예 제도도 폐지되었다. 하지만 카리브 지역의 섬에서는 여전히 사탕수수가 주요 작물이었고, 여기에서 생산된 당밀은 대부분 보스턴으로 운송되었다. 그리고 보스턴에서는 당밀을 증류하여 럼이나 산업용 알코올 등을 제조하였다. 이러한 대규모 무역의 중심에 있었던 보스턴은 항상 대량의 당밀을 보유하고 있었다. 당밀은 당분을 가지고 있는 즙에서 얻은 액체로 미세한 단맛이 남아 있으며 상당히 끈적거린다. 그리고 이 끈끈한 성질인 점성^{viscosity}은 보스턴에 씻기 힘든 재앙을 몰고 왔다.

검은빛의 파도

당밀의 위협

보스턴 상업 지구 거리에 있는 퓨리티 디스틸링 컴퍼니^{Purity} Distilling Company에는 높이 15m, 지름 27m의 거대한 원통형 탱크가 있었다. 그 탱크 안에는 부피가 약 800만 리터, 무게로는 약 12,000톤의 당밀이 가득 들어 있었다. 이는 올림픽 공식 수영장 3개를 채울 수 있는 양이며, 보잉 747 비행기 350대와 맞먹는 어마어마한 무게다.

탱크는 사고 발생 4년 전인 1915년에 지어졌는데, 안타깝게도 당시에는 커다란 철판 한 덩어리로 탱크를 제작할 수 있는 기술이 없었다. 결국 여러 철판 조각을 이어 붙여야 했는데, 가장 간단하면서도 실용적인 리벳^{rivet}이 주로 사용되었다.

리벳은 철판을 반영구적으로 결합하는 데 사용하는 둥글고 두툼한 버섯 모양의 굵은 못이다. 두 장의 강판에 구멍을 뚫고 리벳을 구멍에 끼워 넣은 뒤 머리 반대편의 가는 쪽을 망치로 강하게 내리치면 납작하게 눌리며 강판을 빈틈없이 고정해 준다. 리벳은 가볍고 간편하다는 장점이 있는 반면 볼트에 비해 약하고 분해가 힘들다는 단점이 있다. 이러한 이유로 리벳은 과거에 건축, 조선 분야에 널리 쓰였으나, 현재는 무게를 최소한으로 줄여야 하는 항공우주 분야를 제외하고는 더욱 튼튼한 용접이나 볼트 체결 방식으로 대체되었다. 앞 장에서 이야기한 타이타닉에도 리벳이 많이 사용되었지만, 오늘날 선박은 주로 용접으로 건조된다.

1919년 1월 15일 점심, 평소처럼 여유가 넘쳤던 보스턴 시내에 어느 누구도 눈치채지 못하게 어두운 그림자가 서서히 다가왔다. 당밀의 어마어마한 압력을 견디지 못한 탱크에 조금씩 균열이 생겼고 결국 펑 터지면서 당밀이 거대한 폭포수처럼 쏟아져 내렸다. 너비 50m, 높이 8m의 당밀 파도가 시속 56km라는 엄청난 속도로 드세게 너울졌다. 바닷가의 8m짜리 일반 파도도 충분히 위협적인데, 그보다 밀도와 점도가 훨씬 높은 당밀 파도는 신체에 물리적으로 크나큰 충격을 가하였다. 당밀의 밀도는 물보다 1.4배 높고 충격량은 질량에 비례하므로 당밀 파도는 일반 파도보다 파괴력이 40%나 강하다. 더구나 액체의 끈적끈적한 정도인 점도는 당밀이 물보다 5,000~10,000배나 높다. 겨울철 보스턴의 추운 날씨는 점성을 더욱 강하게 만들어 당밀을 금방 굳혀 버렸다. 초콜릿에 열을 가하면 녹아서 물처럼 흘러내리지만 열을 제거하면 금방 굳는 것과 같은 원리다.

온도뿐 아니라 비뉴턴 유체non-Newtonian fluid라는 당밀의 물리적 특성도 이 사건의 주요인이다. 뉴턴 유체Newtonian fluid는 속도에 관계없이 일정한 점도를 갖는 유체로 비교적 점성이 약한 기

보스턴 당밀 홍수 사고 직후 초토화된 시내의 모습

체와 물 같은 액체가 이에 속한다. 반면 이와 반대로 유체가 움직일 때 점도가 변하는 유체를 비뉴턴 유체라 하는데, 주로 당밀처럼 점성이 강한 액체들이 여기에 속한다.

비뉴턴 유체는 가해지는 응력stress이 커짐에 따라 점성이 강해지는 전단 강화shear thickening 유체와 점성이 약해지는 전단 박화 shear thinning 유체로 나뉜다. 전단 강화 유체로는 전분물이 있으며, 당밀, 케첩, 생크림, 시럽, 혈액, 실리콘 오일 등은 전단 박화 유체에 속한다. 예를 들어 병에 든 케첩의 점성이 강해 잘 나오지 않을 때 병을 흔들면 어느 순간 점성이 약해져 밖으로 튀어나온다.[2]

당밀도 이와 유사하게 평소 정지해 있을 때는 점성이 강하지만 갑작스러운 움직임에 따라 순간적으로 점성이 약해져 더욱 빠르게 퍼져 나갔다. 한참을 흐르고 난 당밀은 거의 멈춘 후 다시 점성이 강해져 사람들을 빠져나가지 못하게 붙잡았다. 당밀 속에 갇힌 수백 명의 시민들은 늪에 빠진 것처럼 허우적댈 뿐 쉽사리 헤어 나올 수 없었고 결국 찬란한 보스턴 역사에 최악의 참사로 남았다.

대규모의 물이 덮치는 홍수와 해일도 위험한 재해이지만 이처럼 점성이 강한 액체의 경우에 피해가 훨씬 심각하다. 참고로 1966년 영국 웨일스의 공업도시 머서티드빌에 있는 애버반 광산촌에서도 당밀 홍수와 비슷한 참사가 발생하였다. 마을 인근 산 위에 쌓여 있던 석탄 찌꺼기 수백만 톤이 한꺼번에 무너져 내리면서 초등학교와 주택을 덮친 것이다. 교실에서 수업을 받던 수백 명의 학생과 학교 건물, 주택 등이 석탄 더미에 파묻혀 144명이 사망했다.

흐르는 초콜릿 ✒

유체의 점성은 온도에 따라 민감하게 달라진다. 초콜릿이 대표적인 예다. 인류 최초로 카카오를 재배한 마야인은 쓴맛의 카카오로 초콜릿 음료를 만들었다. 우리에게 고체 덩어리로 익숙한 초콜릿의 원형은 액체였던 것이다. 고체 상태의 초콜릿에 열을 가하면 점성이 약해져 점차 녹아내리며 액체처럼 흐르고, 액상의 초콜릿을 차갑게 식히면 점성이 강해져 다시 고체가 된다. 단단한 철강도 뜨거운 용광로에 녹이면 쇳물이 되는 것과 동일한 원리다.

이처럼 액체는 온도가 낮을수록 점성이 강해진다. 낮은 온도는 열에너지가 적음을 의미하고, 분자의 활동성 역시 약해서 결합력을 극복하지 못하기 때문이다. 물과 알코올로 이루어진 술역시 마찬가지다. 알코올 도수가 높은 술을 냉동실에 보관하면 점성이 강해져 잔에 따를 때 매우 끈적한 액체처럼 느껴지기도 한다. 온도 상승에 따른 액체의 점도는 대략 지수적으로 감소하는데, 이는 영국의 시인이자 물리학자 에드워드 안드레이드 Edward Andrade가 제안한 안드레이드의 공식 Andrade's formula으로 설명된다.[3]

$$\mu = De^{\left(\frac{B}{T_a}\right)}$$

(μ는 온도 T일 때의 동점성 계수, D, B는 상수, T_a는 절대 온도)

　반면 기체는 액체와 반대로 온도가 높을수록 점성이 강해진다. 기체는 기본적으로 분자 간 간격이 넓어서 결합력이 매우 약하고, 높은 온도에서 분자의 운동량이 증가하여 서로 충돌하면 마치 밀도가 높아진 것 같은 효과가 나타나기 때문이다. 하지만 기체의 경우 액체에 비해 점도가 매우 낮으므로 공학적으로 무시하는 경우가 많다. 스코틀랜드 출생의 호주 물리학자 윌리엄 서더랜드 William Sutherland가 제안한 서더랜드의 공식 Sutherland's formula은 온도에 따른 기체의 점도를 나타내준다.[4]

$$\mu = \mu_0 \frac{T_0 + C}{T + C} \left(\frac{T}{T_0}\right)^{1.5}$$

(μ는 온도 T일 때의 동점성 계수,

μ_0는 기준 온도 T_0일 때의 동점성 계수, C는 서더랜드 상수)

검은빛의 파도

스포퍼드의 보고서

　미국의 역사학자 스티븐 풀러^{Stephen Puleo}는 당밀 홍수 사건에 대해 상세히 조사한 내용을 바탕으로 <Dark Tide>를 저술하였다. 책의 내용에 따르면 사고 원인을 설명하기 위한 세 가지 주장이 대두되었다. 첫째, 당밀의 발효로 인한 탱크 폭발, 둘째, 테러리스트의 폭탄 설치, 셋째, 탱크의 구조적 파손이다. 탱크의 소유주인 당밀 회사는 책임을 회피하기 위해 사고의 원인을 무정부주의자의 테러 행위라 주장하였다. 이에 가장 큰 피해자인 철도 회사는 당시 MIT 토목공학과 학과장이었던 찰스 스포퍼드 ^{Charles Spofford}에게 사고의 원인 분석을 의뢰하였다.[5]

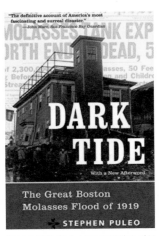

보스턴 당밀 홍수 사고 이야기를 다룬 책 <DARK TIDE>

　스포퍼드는 폭발한 탱크의 파편을 연구실로 가져가 실험에 착수하였다. 그 결과에 따르면 탱크 벽의 두께는 설계도보다 절반에 그쳐 애초에 당밀의 압력을 견딜 수 없었다. 또한 부족한 두께를 보완해 줄 수 있는 리벳의 수량도 턱없이 모자랐다. 스포퍼드의 계산에 따르면 탱크는 평방인치당 16,000~18,000파운드의 압력을 기준으로 제작되었다. 그러나 탱크가 터지는 순간 당밀은 탱크 벽에 평방인치당 31,000파운드의 압력을 가하였다. 이를 바탕으로 스포퍼드는 탱크가 충분한 안전 계수factor of safety를 확보하지 못한 점을 지적하였다.

일반적으로 공학에서 기계 장치나 구조물을 설계할 때 안전 계수라는 수치를 고려한다. 안전 계수는 재료, 장치 등을 파괴하는 극한의 세기와 안전 허용 응력과의 비율을 말한다. 예를 들어 교량을 건설할 때 여러 가정을 통하여 예상되는 최대 하중이 100이라 하면 이 수치의 2배, 3배 이상의 하중도 버틸 수 있게 짓는다. 이론을 토대로 한 가정은 실제 현실과 차이가 있기 때문에 일종의 확실한 안전장치를 마련하는 것이다.

이때 하중 200을 버틸 수 있게 설계하면 안전 계수가 2이고, 300을 버틸 수 있게 하면 안전 계수는 3이 된다. 안전 계수가 클수록 사고가 날 확률은 낮아지지만 반대로 건설 비용이 증가하기 때문에 무작정 높일 수만은 없다. 또한 비행기의 경우 안전 계수가 클수록 연료 소모 비용이 기하급수적으로 증가하므로 정교한 계산을 통해 수치를 최대한 정확히 예측한 후 안전 계수는 비교적 작은 1.2~1.5 정도로 설계한다. 그리고 댐이나 교량의 경우에는 안전 계수를 상대적으로 큰 2~3으로 정한다.

한편 사고 발생 후 100여 년이 흘렀지만 과학자들은 여전히 이 사건에 대해 깊은 관심을 기울이고 있다. 하버드대학교 응용과학부 슈무엘 루빈스테인Shmuel Rubinstein 교수는 2016년 미국물리학회에서 보스턴 당밀 홍수 사고를 유체역학적으로 분석한 연구 결과를 발표하였다. 연구진은 당밀이 가진 비뉴턴 유체의 특성보다는 온도가 점성에 더 중요한 역할을 한다는 점에 주목하였다. 당밀을 10℃에서 0℃로 냉각하면 점도가 약 3배 증가하고, 당밀이 더욱 냉각될수록 점성은 계속하여 강해진다고 밝혔다. 만일 사고 발생 시점이 추운 겨울이 아닌 한여름이었다면 점성이 약해진 당밀은 더욱 멀리 퍼져 나갔겠지만 사람들이 덜 끈적거리는 당밀로부터 빠져나오기가 훨씬 수월했을 것이라는 의견이다.[6]

시럽에서 헤엄치기

당밀처럼 점성이 강한 액체에서 헤엄치는 것은 물에서보다 어려울까? 혹은 쉬울까? 수영장에 물 대신 시럽을 가득 채우면 일단 몸이 위로 쉽게 뜬다는 장점이 있다. 물과 시럽의 밀도 차이만큼 추가적인 부력이 형성되기 때문이다. 그리고 그 효과는 시럽이 무거울수록 커진다.

반면 점성에 의한 효과는 항력drag과 추력thrust 두 가지 관점에서 살펴봐야 한다. 우선 직관적으로 예상할 수 있듯이 유체 저항이 커져서 앞으로 나아가기가 힘들어진다. 물 밖보다 물속에서, 그리고 물속보다 꿀 속에서 빨리 걷기 힘든 이유와 동일한 원리다. 한편 수영은 팔을 휘젓는 동작으로 작용-반작용 법칙에 의해 앞으로 나아가기 때문에 물보다 시럽에서의 추력 역시 크다. 이는 점성이 거의 없는 공중에서 아무리 헤엄쳐도 앞으로 잘 나아가지 않는 것과 유사하다. 따라서 항력과 추력 모두 물보다 시럽에서 헤엄칠 때 더 크며, 둘은 상쇄 효과가 있어 어느 힘이 더 지배적일지는 액체의 점도, 수영 영법 등의 요소에 달려 있다.

점성 유체에서의 움직임은 유체역학에서 가장 중요한 무차원수인 레이놀즈 수Reynolds number와 관련이 있다.

검은빛의 파도

$$Re = \frac{\rho VL}{\mu}$$

(Re는 레이놀즈 수, ρ는 유체의 밀도, V는 속도,
L은 특성 길이, μ는 점성계수)

영국의 공학자 오즈본 레이놀즈^{Osborne Reynolds}가 제안한 레이놀즈 수는 유체의 밀도, 속도, 특성 길이의 곱을 점성계수로 나눈 값으로 분자와 분모의 단위가 같은, 즉 차원이 없는 상수다. 여기서 특성 길이^{characteristic length}는 어떤 물리 현상에서 기준이 되는 하나의 길이다. 송유관처럼 배관 안을 흐르는 유동^{pipe flow}에서는 배관의 직경, 비행기 주변 유동에서는 날개의 길이 등이 여기에 해당한다. 시럽에서의 움직임은 레이놀즈 수에서 분모인 점성계수가 크다는 것인데, 이는 수치상으로 분자의 속도가 느리다는 것과 같다. 다시 말해 팔 동작에 의한 추력을 고려하지 않으면 점성의 저항에 의해 헤엄치기가 힘들다는 의미다.

이를 직접 실험한 엉뚱한 과학자들이 있다. 미국 미네소타대학교 화학공학과 대학원생 브라이언 게틀핑거^{Brian Gettelfinger}와 그의 지도 교수 에드워드 커슬러^{Edward Cussler}는 수영장에 65만 리터의 물과 310kg의 구아 검^{guar gum}을 풀었다. 구아 검은 대두와 흡사한 콩과 식물의 분말로 식품의 점도를 증가시키고 유화 안정성을 높이는 식품 첨가물이다. 혹시라도 수영 중에 섭취하

연구 주제에 걸맞게 수영복 차림으로 이그노벨상을 수상한 게틀핑거와 커슬러

더라도 아무런 문제가 없는 무해성 재료이기도 하다. 이러한 대규모의 실험 준비는 결코 만만치 않은 일이었는데, 3대의 모터를 이용하여 물과 구아 검을 36시간 동안 고루 섞어야 했다. 마침내 수영장에 가득 찬 시럽의 점도는 0.00192Pa·s로 물의 두 배 수준이었다.

이 실험은 점도에 의한 영향만 살펴보기 위한 목적이었다. 따라서 독립 변인independent variable인 점도 이외의 물리적 특성은 가급적 기존의 물과 비슷하게 맞춰야 했다. 다행히 구아 검을 이용하여 만든 시럽의 밀도는 물과 거의 차이가 없었다. 또한 선수의 기록에 영향을 줄 수 있는 요소를 최소화하기 위해 한 명씩 따로 수영하였으며 중간에 3분의 휴식 시간을 두었다.

시럽으로 가득 찬 수영장 안에서 16명의 선수들이 각각 자유형, 배영, 평영, 접영을 하며 그 속도를 측정한 결과 일반 수영장에서의 기록과 거의 차이가 없었다. 그 이유는 다음과 같다. 시럽은 점성이 강해서 앞으로 나아가는 데 조금 방해를 받지만, 물에서의 수영과 비교해 항력이 약 10% 증가하는 정도로 영향이 그리 크지 않다. 반면 팔을 휘저어서 얻을 수 있는 추력 역시 커지는 이득이 있다. 따라서 두 효과가 상쇄되기 때문에 수영 속도에 차이가 거의 없는 것이라 설명하였다.

다만 이 실험은 물과 시럽의 점성 차이가 극단적으로 크지 않아 점성 효과를 명확히 확인할 수 없다는 한계점이 있다. 연구진은 점성 효과를 제대로 보기 위해서는 1,000배 정도의 점도 차이가 있어야 할 것으로 예측하였다. 아마도 점성이 매우 강한 당밀 속에서 수영을 한다면 추력의 이득보다 항력의 손실이 커서 헤엄치기가 매우 힘들 것이다. 참고로 이 연구진은 오랜 과학적 질문을 해결하기 위해 신중한 실험을 수행한 공로로 2005년도 화학 부문 이그노벨상을 수상하였다.[7]

밤비노의 저주

보스턴 시민들에게 당밀은 달콤하기는커녕 쓰디쓴 액체 괴물이었다. 사고 직후 보스턴의 경찰과 군대, 적십자까지 모여 사람들을 구조하기 시작하였다. 수많은 사람들이 추운 날씨에 구조대를 기다리며 당밀에 갇혀 벌벌 떨었다. 결국 이 사고로 21명이 사망하고, 150명이 부상을 입었다.

차갑게 굳은 당밀은 깨끗이 치우기도 힘들었다. 시 당국은 급기야 소방선fire boat을 동원하여 소금물과 모래를 문질러 당밀을 제거하였다. 이를 수습하는 데에 수개월이 소요되었으며, 시내를 완전히 청소하는 데에는 수년이 걸렸다. 그리고 당밀이 인근의 찰스강까지 흘러 들어가 강물이 한동안 갈색빛을 띠었다고 한다. 보스턴을 집어삼킨 당밀 홍수의 여파는 오랜 기간 지속되었다. 심지어 사고 후 수십 년이 지나서도 노인들은 당시를 회상하며 해마다 여름이 되면 지독한 단내가 나는 것 같다고 이야기하였다.

끔찍했던 1919년을 끝으로 베이브 루스는 보스턴에서의 선수 생활을 정리하고 뉴욕으로 날아갔다. 그리고 보스턴 시민들은 레드삭스의 간판 선수였던 루스가 양키스에서 메이저 리그 역사상 최고의 선수가 되는 과정을 멀리서 그저 지켜보기만 해야 했다. 충격적인 당밀 홍수 사고를 겪은 시민들의 속은 더 쓰라릴 수밖에 없었다. 루스가 이끌던 양키스가 2002년까지 총 26회 우승하며 20세기 최고의 명문 구단으로 자리매김하는 동안 레드삭스는 80년 넘게 우승 한번 하지 못하는 밤비노의 저주^{Curse of the Bambino}*를 경험하였기 때문이다. 1919년은 지금까지도 보스턴에게 여러모로 잊지 못할 불운의 해로 기억되고 있다.

---

* 밤비노의 저주: 메이저 리그의 보스턴 레드삭스가 1920년 전설적인 홈런왕 베이브 루스를 뉴욕 양키스로 현금 트레이드시킨 후 한동안 월드시리즈에서 우승하지 못한 것을 일컫는 용어. 밤비노는 이탈리아어로 갓난아기를 의미하며, 베이브 루스의 예명인 베이브(babe)와 뜻이 같다. 당시 루스의 자질을 과소평가한 레드삭스는 2004년이 되어서야 세인트루이스 카디널스를 꺾고 월드시리즈에서 우승함으로써 86년 만에 저주를 풀었다.

6장

✳

거대한 구조물

후버 댐 건설

(1936년 3월 1일)

20세기 공학이 이루어 낸 위대한 걸작 후버 댐. 경제 대공황으로 미국이 급격히 흔들리던 시기, 이 경이로운 건축물은 미국인들에게 다시 일어설 수 있다는 믿음과 자신감의 원천이 되었다. 또한 댐이 만들어내는 막대한 에너지원이 없었다면 지구상에서 가장 화려한 도시 라스베이거스의 환히 빛나는 밤과 눈부신 분수 쇼도 존재할 수 없었을 것이다. 1935년 9월 30일, 후버 댐 완공을 앞두고 미국의 대통령 프랭클린 루스벨트^{Franklin Roosevelt}는 감격에 겨워 이렇게 말했다. "저는 왔고, 보았고, 정복당했습니다. 인류의 위대한 업적을 처음 본 사람처럼 말입니다." 이는 고대 로마의 정치인 율리우스 카이사르^{Julius Caesar}가 젤라 전투에서 승리 후 남긴 명언 "왔노라, 보았노라, 이겼노라^{Veni, vidi, vici}."를 빗댄 것이다.

거대한 구조물

페니 경매와 마천루 경쟁

1930년대 미국의 한 경매장에서 황당한 사건이 발생하였다. 사과 한 알도 살 수 없는 푼돈으로 드넓은 농장을 낙찰받는 일이 벌어진 것이다. 1929년 시작된 경제 대공황의 여파로 농부들이 농장을 담보로 빌린 대출금을 갚지 못하자 은행은 그 농장들을 경매에 부쳤다. 하지만 경매에 응찰한 사람은 단 한 명뿐이었다. 농부들은 사전에 농장이 헐값에 낙찰되도록 모의하였다. 이웃들은 고통당하는 농부들을 돕기 위해 경매에 나온 농장과 농기계에 입찰하여 단 몇 센트만 써냈다. 그리고 낙찰받은 사람들은 농장과 농기계를 원래 주인에게 돌려주었다.

이러한 경매는 페니 경매^{penny auction}라 불리었는데, 페니는 영국의 가장 작은 화폐 단위이자 영어권 국가에서는 동전을 의미한다. 자본주의 사회의 그 어느 곳보다 치열한 경매 시장에서 벌어진 웃지 못할 해프닝은 갑작스러운 대공황 속에서 일어났다.

대공황이 나타나기 직전인 1920년대 뉴욕의 마천루 경쟁은 매우 뜨거웠다. 제1차 세계 대전으로 막대한 부를 축적한 미국의 경제는 전성기를 맞이하였고, 누가 더 높은 건물을 짓는가는 자본가들의 하늘을 찌를 듯한 자존심 대결이었다. 1930년 단 1

년 만에 완공된 40월 스트리트 빌딩의 높이는 283m로 당시 세계에서 가장 높은 건축물이었다. 그러나 그 기록은 그리 오래가지 못했다. 한 달 후 원래 276m로 설계된 것으로 알려진 크라이슬러 빌딩이 완공 직전에 그동안 비밀로 해 온 첨탑을 꼭대기에 세워 319m가 되었기 때문이다. 하지만 안타깝게도 이 역사적인 기록도 별다른 화제가 되지 못했다. 이듬해 무려 381m 높이의 엠파이어 스테이트 빌딩이 완공되면서 크라이슬러 빌딩의 첨탑은 그 빛을 잃었을뿐더러 때마침 세계 대공황이 발생하였기 때문이다. 이 같은 이유로 마천루 높이 경쟁은 대공황을 일으킨 허영의 상징처럼 여겨지기도 하였다.

엠파이어 스테이트 빌딩은 1931년 완공 당시 세계에서 가장 높은 건물이었으며, 40년간 이 기록을 유지하였다.

거대한 구조물

대공황은 순식간에 사회 각 분야에 걸쳐 다양한 문제를 일으켰다. 주식 가격의 폭락으로 몇 개월 만에 수만 개의 회사가 파산하고 대외 무역도 급격히 위축되었다. 또한 공장에서 일하던 노동자들이 하루아침에 실업자 신세로 전락하여 1930년대 초 실업률은 20%를 훌쩍 넘었다. 이에 미국의 31대 대통령 허버트 후버Herbert Hoover는 대공황으로 인한 금융 시장의 혼란과 대규모 실직 사태를 해결하기 위해 초대형 프로젝트를 기획하였다.

후버는 정치인이기 전에 미국 스탠퍼드대학교에서 지질학과 광산공학을 전공하고 호주의 광산 기업에서 일한 경험이 있는 엔지니어였다. 그리고 그 경험을 살려 인류 역사상 손꼽히는 토목 공사를 시행하기로 마음먹었다. 대통령 재임 3년 차인 1931년, 하늘 높은 줄 모르고 치솟던 마천루 경쟁이 잠시 멈춰지고 반대로 땅속을 깊이 파고들어 가는 후버 댐Hoover Dam 건설이 시작되었다.

사막 속 바다를 만들다

미국 남서부의 콜로라도강은 로키산맥에서 발원하여 유타, 애리조나, 네바다, 캘리포니아를 거쳐 멕시코령 캘리포니아만으로 흘러든다. 강의 길이는 한반도 세로의 두 배가 넘는 2,333㎞에 달하지만, 근처 지역들은 오랜 기간 반복되는 홍수와 가뭄에 시달렸다. 봄과 여름에는 로키 산맥의 눈이 녹아 낮은 지대의 농토가 자주 잠겼고, 반대로 늦여름과 초가을에는 하천의 수량이 매우 적어 근방에도 물을 공급할 수 없었다. 이 시기에 '돈을 물처럼 쓴다'는 수사는 지금과 달리 적절치 않은 듯 보였다.

미국의 소설가 마크 트웨인^{Mark Twain}은 서부 개척 시대에 '위스키가 마시기 위해 있다면 물은 싸우기 위해 존재한다.'라고 할 정도로 부족한 수원을 두고 인근 지역 간의 경쟁과 다툼이 지속되었다. 이러한 배경을 바탕으로 안정적인 수자원 공급과 강 하류의 홍수 방지를 위해 후버 댐의 건립이 대공황과 맞물려 적극 추진되었다. 이 지역은 현재 미국에서 재배되는 식량의 60%를 생산하는 주요 농업 지대로 거대한 곡물 창고 역할을 한다.

후버 댐은 5년간의 시공 기간 동안 21,000명의 인력이 동원되는 등 인류 역사에 길이 남을 토목 공사 중 하나로 손꼽힌다.

그리고 이 어마어마한 공사에 사용된 콘크리트는 무려 6,600만 톤에 달한다. 콘크리트는 시멘트와 물, 모래, 자갈 그리고 강도를 위한 골재 및 혼화재료를 적절하게 배합하여 굳힌 혼합물이다. 물 1톤의 부피는 $1m^3$이고, 콘크리트의 비중은 물보다 2~3배 높으므로 후버 댐 건설에 사용된 콘크리트의 부피는 약 $66,000,000 \div 2.5 = 26,400,000m^3$이다.

이는 얼마나 큰 것일까? 이집트 피라미드 중 가장 크다고 알려진 쿠푸왕의 피라미드는 기단의 길이가 230m, 높이는 140m이다. 사각뿔 부피 공식으로 피라미드의 부피를 계산하면 $1/3 \times 230m \times 230m \times 140m = 2,468,667m^3$로, 후버 댐의 크기가 피라미드의 최소 10배가 넘는다는 사실을 알 수 있다. 후버 댐 건설에 사용된 콘크리트는 미국 동부 뉴욕에서 서부 샌프란시스코까지 4,670km의 왕복 4차선 도로를 20cm 두께로 포장할 수 있

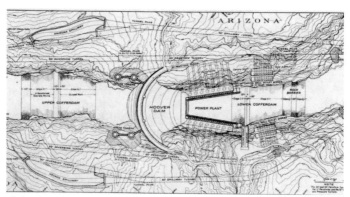

애리조나와 네바다를 잇는 후버 댐의 설계 도면

는 양이다. 또한 약 6,000km에 달하는 중국 만리장성의 바닥을 10cm 두께로 깔 수 있는 양이기도 하다.

또한 세계 최대 규모의 콘크리트 건축물인 후버 댐의 높이는 221m인데, 이는 1929년 확장 공사를 끝낸 나일강의 아스완 댐보다 6배 이상 높다. 따라서 댐을 분할 시공하는 등 당시로서는 무척 획기적인 건설 기술이 적용되었다. 콘크리트는 완전히 굳을 때까지 적당한 수분을 유지하고 충격을 받거나 얼지 않도록 보호하는 양생^{curing} 과정을 충분히 거쳐야 한다. 이때 온도나 습도 등 외부 조건에 따라 달라지는 양생 시간을 최대한 줄여야 그만큼 공사 기간도 단축할 수 있다. 콘크리트 양이 많아질수록 양생 시간도 길어지므로 엄청난 규모의 후버 댐은 빈 공간에 콘크리트를 부어 넣는 기존의 타설 방식이 아니라 소규모 블록을 만든 후 이 블록들을 쌓는 방식으로 건설되었다.

후버 댐에는 블록을 활용한 분할 시공 외에 또 다른 건설 기법도 적용되었다. 시멘트 입자가 주위의 물 분자를 끌어당겨 결합하는 현상을 수화^{hydration}라 하며, 이때 수화열이 발생한다. 이러한 열팽창으로 인한 균열을 막고 내구성을 높이기 위해 배관을 통해 4°C의 냉각수를 공급하였다. 댐 곳곳을 순환하는 냉각수는 시멘트에서 발생하는 열을 빼앗아 외부와 내부의 온도 차를 줄인다. 후버 댐은 이 같은 분할 시공과 냉각 공법을 통해 공사 기간을 획기적으로 단축하여 5년 만에 완공되었다.

대공황 시절 후버 댐 건설로 2만여 개의 일자리가 창출되고, 미국 서남부 지역의 농업용수 공급 문제가 해결되었다.

하지만 20세기 공학의 쾌거라 불리는 후버 댐의 화려함 뒤에는 어두운 그림자도 드리웠다. 댐의 건설 과정에서 안전 장비의 보급이 제대로 이뤄지지 않았고, 이는 112명의 작업자가 목숨을 잃는 비극으로 이어졌다. 공사가 끝난 후 댐의 한편에는 희생자들의 넋을 기리는 천사 모양의 위령비가 건립되었다.

이 같은 우여곡절 끝에 후버 댐이 완공되어 인공 호수인 미드호Lake Mead가 만들어졌다. 미드호의 이름은 총감독으로 댐 건설을 진두지휘한 관개공학의 대가 엘우드 미드Elwood Mead에서 유래하였다. 관개공학irrigation engineering은 토목공학의 한 부류로, 관개는 농사를 짓는 데 필요한 물을 논밭에 공급하는 것을 말한다. 미드는 미국 콜로라도농업대학교 교수로 재직하며 처음으로 관개공학 수업을 개설하기도 하였다.

미드호는 세계 최대 규모의 인공 호수로 약 450억 톤의 물을 저장할 수 있다. 또한 호수의 최장 길이는 185km, 최고 깊이는 150m이며, 넓이는 588km²로 서울의 면적과 비슷하다. 약 100년 전의 기술로 불과 5년 만에 사막 속에 작은 바다를 만든 셈이다.

후버 댐에 저장된 물은 오늘날 미국 서부 지역의 식수, 농업 및 산업용수 등으로 요긴하게 사용된다. 특히 캘리포니아 농업은 대부분 후버 댐에 의존하고 있을 정도로 그 중요성이 매우 크다. 대공황 당시 일자리를 잃은 사람들은 후버 댐의 건설 현장으로 모여들었고, 마침내 대공황을 타개한 핵심 열쇠인 후버 댐은 여전히 20세기 공학을 상징하는 걸작품으로 평가받고 있다.

공기 중에 노출된 콘크리트는 금방 굳지만 내부로 갈수록 잘 굳지 않는 특성이 있다. 그런 의미에서 후버 댐에서 가장 깊숙한 곳의 콘크리트는 아직도 굳지 않았다는 믿기 힘든 이야기가 전해진다. 콘크리트는 시멘트와 물, 모래, 자갈 등을 섞어 굳힌 혼합물로, 시멘트는 모래와 자갈을 연결하는 접착제 역할을 한다. 시멘트는 약 5,000년 전 고대 피라미드에도 사용되었을 만큼 건축의 필수 재료다. 초기에는 공기 중 이산화탄소의 작용으로 표면에 탄산염 피막이 생겨 굳는 기경성 시멘트$^{air setting cement}$가 사용되었다. 이후 물속에서 물기를 빨아들여 굳는 수경성 시멘트$^{hydraulic cement}$가 발명되어 널리 쓰이고 있다.

시멘트는 굳기 전까지 강한 점성을 가진 비뉴턴 유체$^{non-Newtonian fluid}$ 상태다. 5장 '당밀의 위협'에서 이야기하였듯이 유체는 뉴턴 유체와 비뉴턴 유체로 나뉘는데, 뉴턴 유체는 물이나 기름처럼 일정한 온도, 압력하에서 흐름이 생겨도 점도가 변하지 않는다. 반면 비뉴턴 유체는 외부에서 가하는 힘인 전단 응력$^{shear rate}$에 따라 점도가 증가하는 전단 강화$^{shear thickening}$ 또는 감소하는 전단 박화$^{shear thinning}$ 성질을 가진다. 시멘트는 휘저을수록 점성이 강해지는 전단 강화 성질을 가지고 있다.

시멘트를 물로 반죽하고 시간이 한참 지나면 돌처럼 굳는데, 이는 시멘트 성분이 물과 반응하여 새로운 조직이 되기 때문이다. 이를 탄산화 반응이라 한다. 시멘트의 주성분인 규산삼칼슘($3CaO \cdot SiO_2$)과 규산이칼슘($2CaO \cdot SiO_2$)에 물이 더해지면 각각 다음과 같은 화학 변화를 일으킨다.

$$2(3CaO \cdot SiO_2) + 6H_2O \rightarrow (3CaO \cdot 2SiO_2 \cdot 3H_2O) + 3Ca(OH)_2$$
$$2(2CaO \cdot SiO_2) + 4H_2O \rightarrow (3CaO \cdot 2SiO_2 \cdot 3H_2O) + Ca(OH)_2$$

불안정한 규산칼슘이 물에 분해되어 안정된 2개의 물질이 되는데, 이러한 조직의 결합과 결정화에 의해 시멘트가 단단해진다. 또한 위 반응에 의해 생긴 수산화칼슘($Ca(OH)_2$)이 공기 중 이산화탄소를 흡수하여 경화성의 탄산칼슘($CaCO_3$)을 형성하고 이는 시멘트의 경도를 증가시킨다.

영국 출신의 토목학자이자 물리학자인 존 스미턴[John Smeaton]은 현대 시멘트 공학을 이끈 수경성 시멘트의 선구자다(3장 '세상에서 가장 유명한 형제'의 스미턴과 동일 인물). 1756년 스미턴이 영국 해협의 에디스톤 등대를 보수 공사하면서 수경성 시멘트가 처음 사용되었다. 이어 1796년에는 제임스 파커[James Packer]가 로만 시멘트[Roman Cement]를 발명하였다. 이는 한 시간 내에 응

결 경화되는 급결성 시멘트다.[1]

1818년 프랑스의 루이스 비카$^{Louis Vicat}$는 석회석과 점토질 암석을 혼합, 소성하여 천연 시멘트$^{natural cement}$를 발명하였다. 또한 비카는 인공 포졸란^{pozzolan} 제조 시 석회질 점토의 성분과 소성 온도에 대한 적정 기준을 마련하였다. 요즘 흔히 사용하는 시멘트는 1824년 영국의 벽돌공 조셉 애스프딘$^{Joseph Aspdin}$에 의해 만들어졌다. 당시 애스프딘은 석회석과 점토를 혼합하고 융제^{flux}를 사용해 융점을 낮춘 시멘트를 만들었는데, 이는 현재 가장 일반적으로 사용되는 포틀랜드 시멘트의 시초가 되었다.[2]

라스베이거스의 밤

댐의 유구한 역사는 기원전 2900년경으로 거슬러 올라간다. 당시 이집트는 피라미드를 건설할 정도로 상당한 수준의 건축 기술을 가지고 있었다. 기록에 의하면 인류가 처음으로 만든 댐은 나일강 근처에 높이 11m, 길이 106m 규모로 돌을 쌓아 만든 석조 댐이다. 비록 원시적인 형태이지만 인공 건축 자재가 전혀 없었던 고대에는 최선의 방식이었을 것이다. 하지만 그 댐은 그리 오래가지 않아 무너져 내렸다고 전해진다.

현재까지 유적이 남아 있는 가장 오래된 댐은 예멘 마리브에 있다. 기원전 7~8세기에 사바 왕국에 의해 지어졌으며, 초기 댐의 높이는 4m, 길이는 580m였다. 기원전 6세기가 되어 높이가 7m로 높아졌고, 기원전 2세기경에는 14m 높이로 증축되었다. 당시 이 댐은 여의도 면적의 30배에 해당하는 $100km^2$의 땅에 물을 공급했던 것으로 추정된다.

물을 저장하고 관리할 필요성을 절실히 느낀 인류는 이후에도 꾸준하게 댐을 지어왔다. 특히 산업화 후에는 농업 및 공업용수의 수요가 폭발적으로 늘어나며, 19세기 이후 전 세계적으로 댐이 활발히 건설되었다. 미국에서는 지금까지 약 8만 개의 크고 작은 댐이 지어졌고, 지금 이 순간에도 어디선가 댐이 건설 중일 것이다. 그중 후버 댐은 인류 역사를 새로 쓴 건축물로 규모와 효용성뿐만 아니라 인지도 측면에서도 압도적인 모습을 보이고 있다. 완공 80년이 지난 현재까지도 연간 관광객이 700만 명에 달할 정도로 미국 서부를 대표하는 관광지가 되었다.

또한 후버 댐은 인근 지역에 충분한 물을 공급할 뿐만 아니라 수력 발전으로 근처 라스베이거스의 밤을 환히 빛낼 수 있도록 상당한 양의 전기를 생산한다. 140여 년 전 자그마한 백열전구로 빛을 밝힌 토마스 에디슨^{Thomas Edison}이 전혀 상상할 수 없을 정도로 휘황찬란한 오늘날의 네온사인은 한밤중에도 대낮처럼 밝은 라스베이거스의 상징과 같다. 만일 당장 후버 댐의 전기가

국제 우주 정거장에서 우주 비행사가 촬영한 밤의 라스베이거스

라스베이거스에 공급되지 않으면 그저 한때 번성했던 사막 한복판의 고대 유적 도시일 뿐이다. 이처럼 매일 밤 불야성을 이루는 라스베이거스의 이면에는 후버 댐의 수력 발전이 뒷받침하고 있다.

수력 발전은 높은 곳의 물이 중력에 의해 아래로 흐를 때 위치 에너지potential energy가 운동 에너지로 변환되어 전기를 생산하는 방식이다. 이때 물살에 의해 터빈이 회전하면 전자기 유도 현상이 일어나 코일에 전류가 발생하는 원리를 이용한다. 위치 에너지는 질량, 중력 가속도, 낙하 높이의 곱으로 표현되므로 발전량은 댐에서 방출하는 물의 양과 낙하 높이에 비례한다.

$$E_p = m \times g \times h$$

(Ep는 위치 에너지, m은 질량, g는 중력 가속도, h는 낙하 높이)

즉 물의 양이 많을수록, 낙하 높이가 높을수록 전기를 많이 생산할 수 있다. 후버 댐에 저장된 물의 양은 약 320억 톤으로 국내 최대 규모의 소양강 댐보다 11배 많다. 또한 후버 댐의 수력 발전소는 건설 당시 세계 최대 수준으로 총 2,080MW의 발전 용량을 갖추고 있다. 미국 서부에서 산업에 필요한 물과 전기는 후버 댐으로부터 시작한다고 해도 과언이 아니다.

한편 2003년 완공된 중국 후베이성의 싼샤 댐은 만리장성 이후 중국 최대 규모의 토목 공사로 평가받는다. 싼샤(三峽)는 3개의 협곡이라는 뜻으로 장강 중류를 가로막아 건설하였다. 싼샤 댐의 수력 발전소 역시 세계 최대 수준으로 연간 발전량은 약 850억 kWh다. 이는 국내 최대 수력 발전소인 충주댐의 100배에 달한다. 이처럼 다목적 댐은 단순히 치수(治水)뿐 아니라 수력 발전의 기능도 가지고 있을뿐더러 요즘은 관광지로도 활용되어 세 마리의 토끼를 모두 잡고 있다.

(1) 후버 댐은 초기에 댐 건설을 결정한 후버 대통령을 기념하여 명명되었다. 하지만 이후 루스벨트 행정부 때 볼더 시티를 건설한 데에서 유래하여 볼더 댐^{Boulder Dam}으로 변경되었다. 볼더 시티는 볼더 협곡^{Boulder Canyon} 근처에 건설 근로자를 수용하기 위해 개발되었으며, 1931년 말부터 근로자들이 볼더 시티로 이주하기 시작하였다. 댐이 완공되고 10년이 지난 1947년 해리 트루먼^{Harry Truman} 대통령 재임 시절 의회에 의해 다시 후버 댐으로 명칭이 복원되었다.

(2) 후버 댐은 사막으로 유명한 애리조나와 네바다의 경계에 위치하며, 특히 애리조나는 세계에서 일조량이 가장 많은 지역이다. 애리조나의 주도인 피닉스는 7월 평균 최고 기온이 41.2℃이고, 역대 최고 기온은 50℃에 달한다. 이처럼 무더운 기후로 인해 여름철에는 후버 댐 주변의 뜨거운 열기가 거대한 댐 벽을 타고 상승한다. 이러한 이유로 관광객들이 후버 댐 아래를 향해 물을 쏟아도 물방울이 거꾸로 역류하여 하늘 위로 날아가는 모습을 관찰할 수 있다. 마치 중력을 거스르는 현상처럼 보이지만 뜨겁게 달궈진 낮은 밀도의 공

후버 댐은 국가 주요 시설로 9.11 테러 이후 대형 화물차의 통행이 금지되고 관광객에 대한 검문이 강화되었다.

기가 빠르게 위로 상승하는 일종의 열풍 효과다. 이 효과는 사람을 태운 무거운 열기구가 하늘 위로 뜨는 원리와 같다.

(3) 후버 댐 위 다리의 공식 명칭은 마이크 오칼라한-팻 틸만 기념교Mike O'Callaghan-Pat Tillman Memorial Bridge다. 이 이름은 네바다 주지사이자 한국 전쟁 참전용사인 마이크 오칼라한과 미군에 자원 입대하여 아프가니스탄에서 전사한 미식축구 선수 팻 틸만을 추모하는 의미로 지어졌다. 이 다리의 길이는 580m에 불과하지만, 다리를 건너는 데 1시간 이상 소요되기도 한다. 다리가 1시간의 시차가 있는 애리조나와 네바다의 경계에 걸쳐 있기 때문이다.

다만 3월 중순부터 11월 초까지는 서머 타임Summer Time 제도가 있어 시차가 없다. 서머 타임은 여름의 긴 낮 시간을 효과적으로 이용하기 위하여 시각을 표준보다 1시간 앞당기는 제도다. 애리조나는 서머 타임을 시행하지 않고, 시차가 1시간 느린 네바다만 실시하여 여름에는 두 지역의 시각이 같다. 미국은 현재 일부 지역에서만 서머 타임을 시행 중이며, 한국은 1948년 정부 수립 때부터 1960년까지 시행했다가 중단하였고, 서울 올림픽을 앞두고 1987년~1988년에 일시 복원했다가 바로 폐지하였다.

(4) 후버 댐은 비현실적으로 거대하고 웅장한 규모 덕분에 각종 SF 영화의 배경으로도 널리 활용되었다. 가장 대표적인 예가 2007년 개봉한 트랜스포머Transformers다. 여기서 후버 댐은 정부의 비밀기관 섹터 7이 메가트론을 은닉한 장소로 나온다. 또한 2015년 개봉한 샌 안드레아스San Andreas에서는 대지진이 발생하여 세계에서 가장 튼튼한 건축물로 여겨지는 후버 댐이 무너지는 장면이 등장한다.

움직이는 댐

~~~~~~

대부분의 댐과 마찬가지로 후버 댐 역시 평상시에는 정적이다. 폭우가 올 때 수위 조절을 위해 수문을 여는 정도의 극히 부분적인 움직임만 있을 뿐이다. 그런데 네덜란드에는 때에 따라 방벽 전체가 열리고 닫히는 댐이 있다. 매스란트케링^{Maeslantkering}이라 불리는 댐은 평상시에는 배가 자유롭게 다니다가 해일이 발생하면 수로를 막을 수 있도록 지어진 구조물이다.

매스란트케링과 후버 댐은 동적과 정적이라는 특성 외에 또 하나의 차이점이 있다. 후버 댐이 부족한 수자원을 효율적으로 활용하기 위해 지어졌다면 매스란트케링은 무시무시한 바다의 넘쳐나는 범람을 막기 위한 용도라는 점이다. 매스란트케링을 구체적으로 이해하기 위해서는 우선 네덜란드의 지리적 특성과 역사에 대해 알아볼 필요가 있다.

네덜란드는 국토의 25%가 해수면보다 낮으며, 절반만 해수면보다 겨우 1m 높다. 또한 육지의 전체 면적은 33,481km^{2}인데, 그중 7,000km^{2}의 땅은 간척으로 얻었다. 애초에 나라 이름 자체가 '낮은^{neder}', '땅^{land}'이라는 뜻이다. 따라서 바닷물을 제대로 막지 않으면 침수의 위험이 크기 때문에 곳곳에 수많은 댐과 둑을 지

매스란트케링의 임무는 철강, 석유 화학 제품 등을 실은 배 수만 척이 드나드는 유럽 최대 규모의 로테르담 항을 보호하는 것이다.

었다. 암스테르담^{Amsterdam}, 로테르담^{Rotterdam} 등 네덜란드에 유독 dam으로 끝나는 도시 이름이 많은 이유이기도 하다.

게다가 네덜란드 역사는 바다와의 치열한 전쟁사라 할 수 있을 만큼 끊임없이 물난리를 겪었다. 토목이 그리 발달하지 않은 11세기부터 지형적 단점을 만회하기 위해 둑을 쌓아 바닷물의 유입을 막았다. 1916년 대홍수 이후에는 자위더르해와 북해가 만나는 입구를 막아 무려 로스앤젤레스 넓이만 한 호수 에이셀 호^{IJsselmeer}를 만들었다. 이로써 홍수의 위험에서 벗어났을뿐더러 새로운 담수 공급원이 생겼다.

하지만 1953년에는 네덜란드 역사상 가장 피해가 큰 재난이 발생했다. 네덜란드, 벨기에 서북부, 잉글랜드, 스코틀랜드에 막대한 피해를 입힌 일명 북해 홍수^{North Sea flood}다. 1월 31일부터 2월 1일까지 높이 5.6m의 엄청난 해일과 폭풍으로 마을이 물에 잠겨 집과 농지가 사라지고 1,835명이 사망하였다. 이때부터 네덜란드 정부는 델타 사업Delta Works이라 불린 국가 프로젝트를 추진하였고 당시 국가 GDP의 20%에 해당하는 사업비가 책정되었다.

40여 년간 델타 지역에 10여 개의 댐과 방조제를 건설하였는데, 그중 대표적인 사례가 1997년 완공된 매스란트케링이다. 매스란트케링은 로테르담 항구를 홍수로부터 보호하기 위해 제작된 방벽으로 길이는 210m, 높이는 22m다. 에펠탑보다 조금 작은 구조물 두 개가 대칭으로 누워 있는 형태다. 무게는 26,500톤으로 보잉 747 여객기 150대 무게와 맞먹는데, 이는 움직이는 구조물 중 세계 최대 규모다. 이 거대한 장벽은 10,000년에 한 번의 확률로 발생하는 해일도 견딜 수 있도록 설계되었다. 2007년 11월 8일, 북서쪽에서 폭풍이 네덜란드 해안을 강타했을 때 매스란트케링은 건설 이후 처음으로 작동하여 로테르담을 안전하게 보호하였다.

내륙에 위치한 국가들과 달리 네덜란드는 유독 해안공학coastal engineering이 크게 발달하였다. 국가의 존망과 연관되어 있기에 재정적, 인적 자원이 충분히 지원되기 때문이다. 또한 네덜란드의 토목 기술은 수 세기에 걸쳐 바다와 투쟁한 역사의 산물이다. 그리고 선조의 희생을 교훈 삼아 앞으로는 폭풍에 의한 침수 피해를 절대 당하지 않겠다는 네덜란드인들의 굳은 의지이기도 하다.

7장

✦

위험한 놀이

도약 폭탄 투하
(1943년 5월 16일)

하늘에서 정체를 알 수 없는 드럼통이 마구 떨어졌다. 수면에 도
달한 통들은 맹렬한 기세로 물위를 튕기며 굴러가기 시작했다. 순식
간에 수백 미터를 전진한 통들은 댐 앞에서 연달아 '펑' 터졌고, 그
충격으로 인해 굳건했던 댐이 와르르 무너져 내렸다. 제2차 세계 대
전 중 영국 공군이 물수제비 뜨기의 원리를 이용한 기상천외한 작전
으로 난공불락의 독일군을 격파한 순간이었다.

씻을 수 없는 세 번의 상처

1966년 잉글랜드 월드컵 결승전이 열린 웸블리 스타디움에는 팽팽한 긴장감이 감돌았다. 이는 단순히 최고의 실력을 갖춘 팀끼리 맞붙은 결승전이어서만은 아니었다. 제2차 세계 대전이 끝난 지 불과 20년이 지났고 그때의 앙금이 아직 남아 있는 서독과 잉글랜드의 경기였기 때문이다.

두 나라의 악연은 이전부터 계속 이어졌다. 이 대회의 개최권은 1960년 6월 이탈리아 로마 총회에서 결정되었는데, 잉글랜드가 서독을 7표 차로 제치고 월드컵 개최권을 획득한 것이다. 제2차 세계 대전의 승전국인 잉글랜드는 개최국으로 본선 자동 진출권이 있었고, 전쟁에 이어 월드컵 개최에서도 밀린 서독은 스웨덴을 힘겹게 제치고 본선에 올랐다. 그나마 다행히 서독은 본선에서 스위스, 스페인, 우루과이 등 전통의 강호에 이어 소련까지 물리치며 결승에 진출하였다. 그리고 잉글랜드 역시 1960년대 중후반 잉글랜드의 황금기를 이끈 주장 바비 무어^{Bobby Moore}의 활약으로 아르헨티나와 포르투갈을 제치고 결승에 올랐다.

운명처럼 외나무다리에서 만난 양 팀은 한 치의 양보 없이 전, 후반 경기 결과 2대 2 동점으로 연장전에 들어갔다. 연장 전반

잉글랜드의 제프 허스트^{Geoff Hurst}가 찬 공이 골대 상단을 맞고 골라인을 넘어간 것으로 판정받아 잉글랜드의 승기를 이끌었다. 허스트는 연장 후반에도 추가 골을 넣어 팀의 4대 2 승리를 주도했고, 전반에 넣은 골까지 합쳐 해트트릭을 기록하며 우승의 주역이 되었다. 그리고 이 우승은 지금까지 잉글랜드의 처음이자 마지막 월드컵 우승으로 남아 있다.

서독은 제2차 세계 대전의 상처가 채 아물기도 전에 월드컵 개최권에 이어 우승컵을 잉글랜드에 헌납하였다. 하지만 서독의 쓰라린 아픔은 단순히 패배 때문만은 아니었다. 허스트가 연장 전반에 넣은 결승골은 애매모호하여 당시는 물론 지금까지도 오심 논란의 대상이 되고 있기 때문이다. 여러 전문가 역시 실제 골라인을 넘지 않았다고 주장하여 논쟁에 불을 지폈다(Youtube 에서 '1966 world cup final'로 검색하면 당시 경기 영상을 볼 수 있다).

1996년 영국 옥스퍼드대학교 공학부 연구진은 컴퓨터 시각

옥스퍼드대학교 연구진은 결승전 당시 영상을 분석하여 공의 실제 위치를 재계산하였다(Ian Reid and Andrew Zisserman, 1996).

위험한 놀이

Computer Vision 학술대회에서 결승전 당시 촬영한 영상을 바탕으로 로 공의 궤적을 계산한 연구 결과를 발표하였다. 동 시간대 두 각도에서 촬영한 사진을 다소 복잡한 행렬 연산을 통해 3차원 변위로 표현한 것이다. 그 결과 오차를 감안하여 보수적으로 평가하여도 공은 골라인과 6cm 정도 거리가 있었음을 밝혔다.[1]

참고로 축구 경기에서 공의 일부라도 골라인에 걸쳐 있으면 노 골이고, 공 전체가 골라인을 완전히 통과해야 골인으로 인정된다. 논란이 끊이질 않자 국제축구연맹FIFA은 2014년 브라질 월드컵부터 초고속 카메라 14대가 실시간으로 공의 위치를 추적하는 골라인 판독기를 도입하였다.

제2차 세계 대전에 이어 불운한 월드컵 개최권과 석연치 않은 결승전까지 독일인들의 가슴에는 연달아 세 번의 비수가 꽂혔다. 이후 1974년, 1990년, 2014년 월드컵에서 우승하며 1954년 포함 총 4회 우승으로 축구 강국의 자리를 지킨 것으로 그 한을 조금이나마 풀었을까? 영국과 독일의 관계는 언제부터 틀어진 것일까?

영국과 독일의 호시절

영국과 독일이 처음부터 앙숙이었던 것은 아니다. 흔히 영국은 앵글로색슨족, 독일은 게르만족이라 알려져 있지만 사실 영국인과 독일인은 같은 민족으로부터 유래하였다. 앵글로색슨족은 5세기에 독일 북서부에서 영국의 브리타니아로 건너온 게르만족의 한 분파이기 때문이다.

인접하지는 않지만 비교적 가까운 거리에 있는 두 나라의 관계는 각국의 상황과 주변 국가들의 정세에 따라 끊임없이 변하였다. 1714년 영국 스튜어트 왕가의 앤(Anne) 여왕이 후계자 없이 사망하면서 당시 독일 하노버 왕국의 게오르크(Georg) 1세가 영국의 국왕 조지(George) 1세로 추대되었다. 그가 앤 여왕의 할아버지인 제임스(James) 1세의 증손자였기 때문에 가능한 일이었다. 이로써 영국과 하노버 왕국은 동일한 군주 아래 2개 이상의 국가가 결합한 동군연합(同君聯合)으로 묶이며 우호적 관계를 이어갔다.

1837년 빅토리아(Victoria) 여왕이 즉위한 대영제국은 '해가 지지 않는 나라'로 최전성기를 맞이한다. 이에 따라 동군연합은 다시 해체되었지만 여왕의 부군 앨버트(Albert) 공이 독일 출신임에서 알 수 있듯 왕실 사이의 인적 교류는 꾸준히 이어졌다. 이처럼 평온

했던 두 국가의 친분 관계는 19세기 말 독일의 전신인 프로이센 9대 국왕 빌헬름^{Wilhelm} 2세가 팽창 정책을 펼치면서 서서히 균열이 가기 시작했다. 팽창 정책은 다른 나라를 정치적, 경제적으로 예속하여 영토나 세력 또는 상품 시장을 넓히는 정책을 말한다. 독일은 1882년 오스트리아, 이탈리아와 일명 삼국 동맹^{Triple Alliance}을 맺었고, 독일의 팽창 정책으로 위협을 느낀 영국은 1907년 러시아, 프랑스와 손을 잡으며 삼국 협상^{Triple Entente}을 통해 독일과 대립각을 세웠다. 이 같은 팽팽한 형세는 결국 제1차 세계 대전으로 이어졌다.

1914년 8월 3일 독일은 프랑스에 선전 포고를 하고 그 중간에 위치한 벨기에를 먼저 침략하였다. 이에 영국은 중립국 벨기에가 공격당하자 8월 4일 독일에 선전 포고를 하면서 결국 유럽의 모든 열강이 전쟁의 소용돌이에 휘말리게 되었다. 유럽의 6대 열강이 맺고 있던 삼국 협상과 삼국 동맹 체제에서 이탈리아를 제외한 모든 국가가 동맹국을 돕기 위해 전쟁에 돌입한 것이다.

독일의 초기 기세는 그야말로 놀라웠다. 독일의 작전은 서쪽에 위치한 프랑스와 동쪽에 위치한 러시아를 양방향으로 공격하는 작전으로, 일명 슐리펜 계획^{Schlieffen Plan}이다. 독일의 참모 총장 알프레트 슐리펜^{Alfred Schlieffen}은 제1차 세계 대전이 발발하기 훨씬 이전인 1905년에 프랑스와 러시아 사이의 양면 전쟁에 대한 계획을 세웠다. 프랑스를 먼저 공격하여 최대한 빠른 시간

내에 제압하고 그다음 광대한
영토와 부실한 체계로 화력을
모으는 데 시간이 걸릴 것으로
예상되는 러시아를 공격한다는
작전이었다. 1914년 슐리펜이 세
상을 떠난 다음 해, 독일은 계획
대로 작전을 시행하였지만 벨기
에의 격렬한 저항 등으로 예상치
못한 변수가 생기고 같은 해 9월
마른 전투Battle of the Marne에서 독

슐리펜은 군대에서 참모 총장까지 승
승장구하였으나 결국 대실패한 작전
의 이름으로 기억되고 있다.

일군은 영국과 프랑스 연합군에 밀리며 모든 전략은 물거품이
되었다.

위험한 놀이

도약 폭탄

제1차 세계 대전이 끝난 후 영국과 프랑스는 승전국이었음에
도 경제적으로 막대한 타격을 입었다. 그리고 1940년 대독 강경
파인 윈스턴 처칠 Winston Churchill이 영국 총리로 취임하자 영국과
독일의 관계는 여전히 나아지지 않았다. 반면 독일은 비록 패배
하였지만 세계 3위의 경제력을 회복하고 자신감을 얻어 결국 제
2차 세계 대전을 일으켰다. 독일이 폴란드를 침공한 후 프랑스
역시 6주 만에 함락되자 영국과 독일의 치열한 전투가 본격적으
로 시작되었다.

당시 영국의 군사력은 어느 나라 못지않게 막강하였다. 특히 1707
년 창설된 영국 해군은 18세기 영국을 열강의 자리에 올려놓았다.
이후에도 영국은 압도적인 해군을 보유하며 세계 2, 3위의 해군을
합친 것보다 우세한 전력을 갖추어 전 세계 바다를 제패했다. 또한
영국 공군은 물리학자 로버트 왓슨-와트 Robert Watson-Watt가 개발한
레이다 RADAR, RAdio Detection And Ranging를 적극 활용했다. 이는 당
시로서는 무척 획기적인 신기술로 독일 공군의 공습을 미리 탐
지하여 철저히 막아낼 수 있었다. 게다가 영국의 수학자 앨런 튜
링 Alan Turing은 독일군이 에니그마 Enigma 기계로 만든 암호를 완

전히 해독하여 영국은 전쟁의 승기를 잡을 수 있었다.

이처럼 해상과 상공을 가리지 않고 고도의 과학 기술을 이용한 공격과 방어가 치열했는데, 한편으로는 어린아이들이 즐겨하는 단순한 놀이를 활용한 효과적인 공격법도 있었다. 제2차 세계 대전이 한창이던 1943년 3월 16일, 영국군은 전쟁 역사상 전례가 없었던 기발한 공격을 시도했다.

전투가 벌어진 독일 서부 루르의 뫼네강에는 수력 발전소를 가동할 수 있는 거대한 댐이 있었다. 이는 전시에 전기를 안정적으로 공급하는 데에 핵심적인 역할을 하였다. 독일군은 적군의 수중 침투를 막기 위해 어뢰 방어망torpedo net을 설치하였다. 따라서 잠수함이나 군함을 이용한 기존 방식으로는 댐을 파괴하기 어려운 상황이었다.

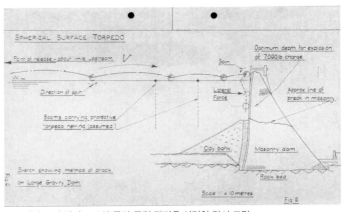

물수제비 뜨기 원리로 도약 폭탄 공격 작전을 설명한 당시 그림

위험한 놀이

이에 영국 공군은 공학자 반스 윌리스$^{Barnes\ Wallis}$가 설계한 도약 폭탄$^{bouncing\ bomb}$을 투하하였다. 이 폭탄은 길이 152cm, 너비 127cm, 무게 약 4톤으로 드럼통 모양이다. 사전에 수행한 시행착오 끝에 상공 180m, 시속 400km로 나는 전투기에서 전기 모터를 이용해 분당 500회의 역회전을 주며 폭탄을 떨어뜨렸다. 댐으로부터 약 400m 앞에 떨어진 폭탄은 통통 튀며 댐에 도달하였고, 물속에 가라앉은 후 터져 댐 벽을 단번에 무너뜨렸다 (Youtube에서 'bouncing bomb'으로 검색하면 당시 모습을 촬영한 동영상을 볼 수 있다).

도약 폭탄은 돌을 물위에 던져 여러 번 튕기게 하는 물수제비 뜨기$^{stone\ skipping}$의 원리를 이용한 폭발물이다. 납작한 돌에 강한 회전을 주며 비스듬히 던지면 돌이 수면과 충돌할 때 물을 뚫고 입수하

드럼통 모양의 도약 폭탄은 기존에 없었던 기상천외한 작전이었다.

지 않고 표면의 반발력에 의해 위로 튀어 오른다. 이때 운동 에너지가 여전히 남아 있으면 돌이 가진 에너지가 소실될 때까지 두 번, 세 번 계속하여 튕김을 반복한다. 돌의 운동 에너지는 튕김을 반복할수록 점차 감소하므로 도약 거리 역시 짧아지며 나중에는 미끄러지듯 이동하다가 마침내 물속에 잠긴다. 이처럼 물수제비 뜨기의 원리를 응용하여 제작한 도약 폭탄은 빠른 속도와 강한 회전 덕분에 물속으로 가라앉지 않고 댐까지 도달할 수 있었다. 이후 같은 방식의 공격을 받은 다른 댐들도 연이어 무너져 내렸고 독일군은 전기 공급에 큰 타격을 입어 전쟁에 힘을 쓸 수 없게 되었다.

위험한 놀이

물수제비 뜨기의 물리학

물수제비 뜨기는 제2차 세계 대전 훨씬 이전부터 사람들에게 널리 알려져 있었다. 1583년 옥스퍼드 영어 사전에 이미 물수제비 뜨기를 뜻하는 'ducks and drakes' 가 실려 있었으며, duck(암컷 오리)은 첫 번째, 세 번째 등 홀수 번째 건너뛰기, drake(수컷 오리)는 짝수 번째 건너뛰기를 의미한다.

또한 폭탄처럼 무시무시한 활용성을 가진 물수제비 뜨기는 어린아이뿐만 아니라 과학자들도 오래전부터 관심을 가진 연구 주제다. 물수제비 뜨기의 과학적 원리를 처음 설명한 사람은 18세기 이탈리아의 생물학자 라차로 스팔란차니^Lazzaro Spallanzani다. 그는 철학과 법학을 공부하다가 생물학으로 전향했는데, 후에 박물학자라 불릴 정도로 자연과학 다방면에 관심이 많았다. 그의 연구는 생식^reproduction, 소화^digestion, 화석^fossil 등 주로 생물학에 집중되었지만 주체할 수 없는 호기심은 돌멩이를 이용한 놀이에 대해서도 주목하게 만들었다.

일반적으로 물보다 비중이 큰 물체가 수면에 떨어지면 중력에 의해 물속으로 가라앉는다. 하지만 빠른 속도로 수평에 가깝게 날아가는 물체는 수면에 부딪힌 후 마치 땅에 충돌한 것처럼 공중으로 튀어 오른다. 이때 수평 방향 속도가 빠를수록 반발력 역시 커져서 반동에 유리하다. 이는 물수제비 뜨기를 할 때 최대한 빠르게 던져야 하는 이유이기도 하다.

이 신기한 놀이는 스팔란차니 이후에도 많은 과학자들을 매혹시켰다. 1968년 미국 애머스트대학교 화학과 학부생 키스톤 코스Kirston Koths는 카메라로 물수제비 뜨는 모습을 촬영하였다. 그는 모래와 담요로 덮인 탁자 그리고 물위를 도약하는 돌의 움직임을 각각 상세히 분석하였다. 그 결과 모래와 탁자 위에서는 돌의 뒤쪽 모서리가 먼저 바닥에 부딪히고 곧바로 앞쪽 모서리가 바닥에 부딪힌 다음 다시 공중으로 날아가는 모습을 발견하였다. 반면 물위의 돌은 앞쪽에 물마루가 형성될 때까지 표면에 대해 약 75° 각도로 미끄러진다. 그다음 돌은 다시 그 과정을 반복하기 위해 공중으로 날아가는 모습을 확인할 수 있었다. 돌은

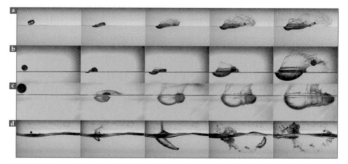

물리학자들은 다양한 형태의 물체가 물과 만날 때 어떠한 거동을 보이는지 초고속 카메라로 촬영하고 분석하였다(Tadd Truscott et al., 2014).

위험한 놀이

고체와 액체 위에서 모두 반발하여 튀어 오르지만 그 메커니즘
은 상당히 다르다는 점을 밝힌 것이다.

한편 프랑스 물리학자 리드릭 보케Lydéric Bocquet는 경험에 의한
직관이 아닌 물리 법칙을 사용하여 효과적인 물수제비 뜨기에
대해 이론적으로 연구하였다. 특히 돌이 수면에 부딪힐 때 일부
에너지는 소산되고 나머지 에너지가 반발력으로 작용하며, 돌
주변에 형성되는 복잡한 흐름에 주목하였다. 또한 돌이 최대로
튕기는 횟수를 추정하기 위해 돌이 물위에서 튀는 과정을 단순
화하였다. 보케는 돌의 속도, 입사각, 경사각, 돌이 물에 잠긴 면
적, 가장자리의 깊이 등 여러 변수를 고려하여 수식을 세웠고,
그 결과 물수제비 횟수는 돌의 속도에 가장 많은 영향을 받으며
돌의 속도가 빠를수록 그 횟수가 증가한다는 사실을 수학적으
로 밝혔다.[2]

그리고 1년 뒤 네이처에 발표한 논문에서는 실험을 통해 돌의
속도뿐만 아니라 돌의 크기와 모양, 돌이 수면과 이루는 각도가
매우 중요하다는 점을 강조하였다. 연구진은 둥글고 납작한 지
름 5㎝의 돌이 물수제비 뜨기에 가장 적합하며, 돌이 수면과 이
루는 각도는 회전수와 상관없이 20°가 이상적이라는 사실을 밝
혔다. 만일 수면이 아닌 땅바닥이라면 돌이 바닥을 뚫고 들어갈
수 없지만 수면에서는 침수가 가능하기 때문에 입사각이 더욱
중요하다. 입사각이 20°보다 작으면 수직 성분의 반발력 역시 작

아 돌이 수면에서 튀어 오르기 어렵다. 반대로 입사각이 20°보다 크면 수직 성분의 중력도 커서 몇 번 튕기지 못하고 물속에 빠진다. 그리고 입사각이 45°보다 커지면 중력이 수면의 저항력보다 커서 한 번도 튕기지 못한 채 물속으로 가라앉는다.[3]

물수제비 뜨기의 심오한 원리는 놀랍게도 항공우주과학자들의 연구에도 무척 중요한 역할을 한다. 미국항공우주국^{NASA}을 비롯한 우주 개발 연구 기관들은 물수제비 뜨기의 원리를 활용해 우주선의 대기권 진입 각도를 계산한다. 우주선이 지구로 귀환할 때 대기권에 진입하는 각도가 너무 작으면 물수제비처럼 우주로 다시 튀어 나갈 수 있기 때문이다.

또한 미국 로렌스 리버모어 국립 연구소의 엔지니어들은 하이퍼소어 비행기$^{HyperSoar\ airplane}$를 제작할 경우 지구의 상층 대기권을 따라 음속의 5~12배 속도로 비행할 수 있다고 주장하였다.

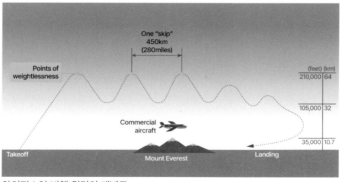

하이퍼소어 비행 원리의 개념도

이 비행기의 기본 원리 역시 물수제비 뜨기와 상당히 유사하다. 우선 비행기는 일반 여객기처럼 이륙하여 25마일 상공을 비행한 다음 엔진을 끄고 우주로 표류했다가 천천히 내려온다. 상층 대기권의 밀도가 높은 공기에 도달하면 돌이 물에 부딪히듯 튀어 오른다. 이때 조종사는 엔진을 작동시켜 비행기를 다시 우주로 보낸다. 이를 18번 정도 반복하면 시카고에서 로마까지 72분 만에 이동할 수 있으며, 이론적으로 지구상의 어떤 두 지점도 2시간 만에 이동이 가능하다. 이처럼 물수제비 뜨기는 단순한 놀이를 넘어 항공우주과학에도 널리 활용될 수 있다.

　물수제비 뜨기의 성패에는 돌의 속력과 입사각뿐만 아니라 회전도 무척 중요한 역할을 한다. 속력과 입사각이 반발력을 결정하는 한편 회전은 안정적인 추진이 가능하도록 뒷받침해 주기 때문이다. 손가락 위에서 농구공이나 공책을 돌리는 묘기처럼 회전은 물체 스스로 중심을 잡도록 도와준다. 빠르게 도는 팽이가 회전축의 방향을 유지하는 현상도 마찬가지 원리다. 또한 자전거를 탈 때 바퀴를 천천히 구르면 중심을 잡기가 어렵지만 빠르게 구를수록 옆으로 쓰러지지 않는 안정감을 확보할 수 있는 이유이기도 하다. 만일 물수제비 뜨기를 할 때 돌을 회전시키지 않고 던지면 금세 균형을 잃어 물위를 몇 번 팅기지 못하고 금방 가라앉는다.

　이처럼 고속으로 회전하는 물체가 회전축을 일정하게 유지하려는 성질을 자이로 효과gyro effect라 한다. 물체의 회전은 단순히 도는 것만을 뜻하지 않고 자이로 효과 같은 추가적인 물리적 의미도 있다. 미국 유타대학교 테드 트러스콧Tadd Truscott 교수는 물수제비 뜨기에서 돌이 안정적으로 도약하기 위해서는 충분한 회전이 필요하다는 점을 설명하였다. 돌이 회전함으로써 자이로 효과로 인해 받음각을 유지하기 때문이다. 또한 트러스콧은 메이저 리그 정상급 투수가 야구공을 던지듯이 돌을 시속 93마일로 분당 2,500번 회전시키면 이론적으로 300번의 도약이 가능하다고 예측하였다.[4]

한편 자이로 효과에서 유래한 자이로스코프는 회전체의 각운동량 보존 법칙law of conservation of angular momentum을 이용한 장치다. 피겨 스케이팅 선수가 회전할 때 팔을 벌리면 회전 속도가 느리고 팔을 오므리면 회전 속도가 빨라지는 동작은 이 법칙에 따른 것이다. 어느 방향으로든 자유롭게 회전할 수 있는 바퀴가 돌 때 기계의 방향이 바뀌더라도 회전축이 일정하게 유지된다는 특성을 이용한 자이로스코프는 공학적으로 매우 다양한 분야에 활용된다. 우선 자이로스코프는 항공기, 미사일, 우주선, 잠수함 등에 탑재되는 항법navigation 장치에 필수적이다. 항법은 배 또는 비행기 등이 두 지점 사이를 가장 안전하고 정확하게 이동하는 기술로 방향 설정이 중요하기 때문이다.

또한 자이로스코프가 내재된 물체가 회전할 때 생기는 반발력을 측정하여 전기 신호로 바꾸면 자이로 센서로 활용할 수 있다. 최근에는 초소형전자기계시스템MEMS 기술을 적용한 자이로스코프로 스마트폰의 기울기와 경사, 가속 등 3차원 운동을 감지하여 모바일 게임에 활용되고 있다.

물수제비 뜨기와 스포츠

해마다 미국 각지에서 물수제비 뜨기 대회가 개최된다. 그중 소위 4대 대회는 매년 7월 4일 미시간에서 열리는 맥키노섬 챔피언쉽, 8월 셋째 주 토요일에 프랭크린에서 열리는 펜실베이니아 챔피언쉽, 9월 베닝턴의 파란 호수에서 열리는 버몬트 챔피언쉽, 9월 노동절에 아칸소에서 열리는 그레이트 서던 챔피언쉽으로 대회마다 규정과 종목은 제각각이다. 또한 1989년 미국 텍사스에는 북미 물수제비협회가 설립되었다. 이 협회에서 제시한 물수제비 뜨기의 규칙은 비교적 까다로운 편으로 다음과 같다.

(1) 돌은 자연적으로 형성된 점판암이어야 하며, 가장 넓은 지점의 직경이 3인치를 넘지 않아야 한다.

(2) 각 참가자는 세션당 3번의 기회를 갖는다.

(3) 돌은 물 표면에서 2번 이상 튕겨야 하며, 기록은 돌이 물에 가라앉는 지점까지로 판단한다. 각 부문에서 가장 긴 거리를 던진 사람이 승자로 간주된다. (동점인 경우 규칙 7 참조)

(4) 참가자는 던질 때 도움닫기가 허용되지 않는다. 즉, 던질 때 두 발 모두 땅에 있어야 한다.

(5) 심판은 유효하지 않은 투구에 대해 빨간 원반으로, 유효한 투구에 대해 녹색 원반으로 표시한다. 또한 심판은 모든 투구를 기록하고, 모든 문제에 대해 최종 결정한다.

(6) 다음의 경우에 유효하지 않은 투구로 간주한다.

　a) 돌이 2번 이상 튀지 않은 경우

　b) 돌이 지정된 영역 내에서 가라앉지 않은 경우

(7) 종합 챔피언이 동점인 경우, 추가로 3번 투구하여 누적 거리의 합으로 우승자를 결정한다. 뒷벽을 맞추면 63m로 계산한다. 다른 모든 부문에서 동점인 경우, 투구 기록 3개의 누적 합계에 따라 순위를 결정한다.

기네스북에 따르면 물수제비 뜨기 세계 신기록의 변천 과정은 1992년 콜맨 맥기Coleman McGhee의 38번, 2002년 쿠르트 스타이너Kurt Steiner의 40번, 2007년 러셀 바이어스Russell Byars의 51번이다. 그리고 2013년 9월 6일 앞서 2002년 기록을 가지고 있던 스타이너가 88번으로 다시 경신하였다. 스타이너는 평소 10,000개가 넘는 돌을 수집하고 그중 완전히 동그랗지 않더라도 표면이 매끈하며 바닥이 평평한 돌을 고른다고 밝혔다. 또한 돌의 무게는 85~225g, 두께는 6~7mm를 선호한다. 너무 가벼운 돌은 관성이 작아 큰 추진력을 받을 수 없고 너무 무거운 돌은 중력이 커서 쉽게 가라앉기 때문이다.

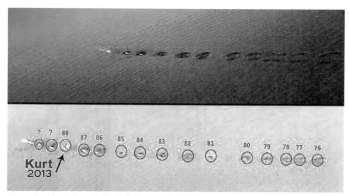
2013년 물수제비 뜨기 대회 당시 스타이너의 세계 신기록 달성 장면

물수제비 뜨기는 의외로 골프 및 낚시와도 밀접한 관련이 있다. 스페인의 골프 선수 욘 람[Jon Rahm]은 2020년 마스터스 대회를 앞두고 연습 라운드 도중 신기에 가까운 묘기를 선보였다. 이 대회에는 연습 경기 중 연못이 있는 16번 홀에서 선수들이 팬 서비스 차원으로 '물수제비 샷'을 하는 전통이 있다. 람이 회전을 주어 퍼팅한 공은 연못 위를 통통 튀며 미끄러지듯 통과한 후 그린 위에 도달하였고 한 번에 홀 컵으로 들어갔다.

한편 물수제비 뜨기를 의미하는 'stone skipping'의 스키핑[skipping]은 낚시에서도 자주 사용되는 용어다. 인공으로 만든 가짜 미끼인 루어[lure]가 마치 물수제비처럼 수면을 튕기면서 날아가 목표 지점에 들어가도록 하는 기술을 스키핑이라 한다. 수면 위에 늘어진 나뭇가지 등의 장애물이 있는 경우 일반적인 캐스팅으로는 루어가 포인트에 도달하지 못하므로 야구에서 사이드

암 투수의 투구 폼처럼 낚싯대를 지면과 수평으로 휘두르는 사이드 캐스팅$^{side casting}$이 활용된다.

이때 물수제비 뜨기와 마찬가지로 루어가 처음 수면에 부딪히는 각도가 중요하다. 또한 루어의 종류 역시 신중한 선택이 필요한데, 바늘이나 루어의 부품이 외부로 튀어나온 종류보다는 매끈한 돌처럼 바늘이 속으로 들어가 있고 돌출된 부분이 적은 소프트 베이트$^{soft bait}$ 계열의 루어가 적당하다.[5]

오랜 역사를 지닌 물수제비 뜨기는 단순히 심심풀이 놀이에 그치지 않는다. 낚시, 골프 같은 일상은 물론 전쟁을 위한 폭탄 개발과 우주선 경로 연구에 이르기까지 그 활용도가 무궁무진하다.

8장

*

태양보다 밝은 빛

원자 폭탄 개발

(1945년 8월 6일)

1945년 8월 6일, 일본 히로시마의 아침은 평소와 다를 바 없이 조용하고 평화로운 풍경이었다. 당시 인구 35만 명으로 일본에서 8번째로 큰 도시인 히로시마는 태평양 전쟁 막바지까지 폭격의 피해를 입지 않은 안전한 지역이기도 하였다. 하지만 여름 햇살이 찬란하게 빛나던 아름다운 도시가 사람이나 동물 같은 생명체는 목숨을 잃고 대다수의 건물마저 무너져 폐허가 되는 데에 걸린 시간은 수 초에 불과했다. 맑은 하늘에서 떨어진 한 개의 폭탄은 도시 전체를 순식간에 잿더미로 만들어 버렸고, 이는 제2차 세계 대전의 종말을 알리는 첫 번째 신호탄이었다.

태양보다 밝은 빛

맨해튼 계획

제2차 세계 대전이 한창이던 1942년 높은 산과 깊은 골짜기로 둘러싸인 미국 뉴멕시코주 로스앨러모스에 세계적으로 명성 높은 과학자들이 모여들었다. 닐스 보어 Niels Bohr, 엔리코 페르미 Enrico Fermi, 리처드 파인만 Richard Feynman, 유진 위그너 Eugene Wigner, 존 폰 노이만 John von Neumann 등 오늘날 물리학, 화학 교과서에 등장하는 당대 최고의 천재 과학자들이 극비리에 하나의 프로젝트를 수행하기 위해서였다. 놀랍게도 이 무리에서 노벨상 수상은 그리 자랑할 만한 일이 아니었는데, 이들 중 무려 21명이 이미 노벨상을 수상했거나 후에 노벨상을 수상할 정도로 전무후무한 집단이었기 때문이다.

하지만 이들을 이끌었던 수장 로버트 오펜하이머 Robert Oppenheimer는 그 흔한 노벨상을 받지 못했다. 이 프로젝트의 최종 결과물이 인류 역사상 최악의 발명품으로 기록된 원자 폭탄이었기 때문이다. 내로라하는 석학들을 진두지휘했음에도 불구하고 오펜하이머가 끝내 노벨상을 수상하지 못한 이유는 수많은 민간인을 학살한 핵무기가 인류 발전에 공헌한 사람에게 수여한다는 노벨상 정신에 어긋나기 때문이라는 의견이 지배적이다.

그렇다면 미국이 다급하게 전 세계의 내로라하는 과학자들을 불러 모은 이유는 무엇일까? 미국을 비롯한 연합군에 맞서 싸우던 독일은 당시 세계에서 핵물리학이 가장 발달한 나라였다. 1938년 독일의 화학자 오토 한$^{Otto\ Hahn}$과 프리츠 스트라스만$^{Fritz\ Strassmann}$이 핵분열$^{nuclear\ fission}$을 발견하였고 리즈 마이트너$^{Lise\ Meitner}$와 오토 프리쉬$^{Otto\ Frisch}$의 이론적 근거는 원자 폭탄 개발의 가능성을 높였다. 이에 독일에서 곧 원자 폭탄을 제조할 것이라는 우려 섞인 목소리가 흘러나왔다.

1939년 8월 헝가리 태생의 물리학자 레오 실라드$^{Leo\ Szilard}$와 유진 위그너는 당대 가장 영향력 있던 독일 태생의 미국 물리학자 알버트 아인슈타인$^{Albert\ Einstein}$의 이름을 빌려 미국 프랭클린 루스벨트$^{Franklin\ Roosevelt}$ 대통령에게 편지를 보냈다. 이 편지는 독일이 새로운 유형의 매우 강력한 폭탄을 개발할 수 있음을 시사하며, 미국이 먼저 핵무기를 개발하도록 요청하는 내용이었다. 이에 루스벨트는 독일보다 앞서 원자 폭탄을 만들겠다는 결단을 내리고 일명 맨해튼 계획$^{Manhattan\ Project}$을 지시하였다.

맨해튼 계획은 미국이 주도하고, 영국, 캐나다가 참여하였으며, 1급 군사 작전이었기에 철저히 비밀리에 추진되었다. 이 계획에 참여한 과학자들은 원자 폭탄을 차마 원자 폭탄이라 부르지 못하고 물건이나 장치, 심지어는 그것이라고 불렀다. 또한 당시 부통령이었던 해리 트루먼$^{Harry\ Truman}$조차도 나중에 대통령이

1945년 7월 16일 로스앨러모스에서 남쪽으로 340km 떨어진 앨라모고도에서 비밀리에 원자 폭탄 폭발 실험이 실시되었다.

되고 나서야 이 프로젝트의 존재를 알게 되었을 만큼 극비리에 진행되었다.

원자 폭탄 개발의 총 책임자는 오펜하이머였지만, 전체 프로젝트의 관리는 미국 육군의 레슬리 그로브스^{Leslie Groves} 소장이 맡았다. 이는 맨해튼 계획은 단순히 폭탄 개발에 그치는 것이 아니라 당시로써는 천문학적 금액인 20억 달러의 예산을 관리하고 철저한 기밀 유지가 필요하며, 개발 및 실전 투하 일정 등을 조율해야 했기 때문이다. 강력한 추진력을 바탕으로 국방부 청사인 펜타곤^{Pentagon} 건설 임무를 훌륭히 수행한 그로브스와 양자역학과 천체물리학에서 뛰어난 연구 성과를 낸 오펜하이머가 안팎으로 협력한 맨해튼 계획은 순조롭게 진행되었다.

히로시마 상공의 리틀 보이

단 2년 만에 맨해튼 계획의 결과물로 길이 3m, 직경 71cm, 무게 4톤의 원통형 원자 폭탄 리틀 보이^{Little Boy}가 탄생했다. 리틀 보이는 루스벨트 대통령의 별명으로 이름과 달리 엄청난 파괴력을 지니고 있었다. 이 폭탄의 폭발력은 약 15kt 수준이었는데, 이는 폭약으로 널리 알려진 트라이나이트로톨루엔^{Tri-nitro-toluene}, 일명 TNT 15,000톤의 위력을 의미한다. 당시 리틀 보이는 인류 역사상 가장 강력한 무기였으며, 이후 핵무기 위력의 기준이 되었다.

1945년 7월 미국, 영국, 중국의 대표가 독일 포츠담에 모여 일본의 항복 조건과 점령지 처리에 관해 발표한 포츠담 선언^{Potsdam Declaration}을 일본이 받아들이지 않자 트루먼 대통령은 원자 폭탄의 투하를 결정하였다. 첫 번째 목표지는 일본에서 인구가 8번째로 많고, 전쟁 막바지까지 폭격을 받지 않았으며, 군수 시설이 밀집한 히로시마였다. 천년 고도인 교토도 투하 후보지로 고려되었으나 일본을 넘어 인류의 문화유산이라 할 수 있는 문화재가 많다는 이유로 막판에 제외되었다.

같은 해 8월 6일 일본은 물론 세계 역사를 바꾼 운명의 그날,

세계 최초의 실전용 핵무기 리틀 보이

북마리아나 제도의 티니언 섬에서 세 대의 폭격기가 날아올랐다. 한 대는 폭발 장면을 촬영하고 다른 한 대는 폭발력을 계측 및 분석하며, 나머지 한 대가 원자 폭탄을 실제로 투하하는 임무를 맡았다. 실험이 아닌 최초의 실전 투입인데다가 폭탄이 운송 도중 터질 것을 우려하여 티니언 섬에서 히로시마로 가는 비행 중에 원자 폭탄을 조립하기로 하였다. 미국 해군의 윌리엄 파슨스 William Parsons 대령은 소음과 진동이 심한 폭격기 에놀라 게이 Enola Gay 안에서 긴박하게 부품을 조립하여 원자 폭탄을 최종적으로 완성하였다.

오전 8시 15분 15초 마침내 히로시마 9,300m 상공에서 폭탄 창이 열렸고, 자유 낙하하던 리틀 보이는 지상 570m 지점에서 폭발하였다. 그 순간 태양보다 밝은 빛이 히로시마 일대를 뒤덮었으며, 폭발 중심부의 온도는 4,000°C에 이르렀다. 쇳물을 만드는 용광로 안의 온도가 1,500℃ 정도이니 도시 전체가 불의 지옥이 되었다 해도 과언이 아니었다. 뒤이어 빛보다 느린 소리가 지상으로 전달되었는데, 고막이 찢어지고 하늘을 뒤흔들 정도의 굉음이었다.

폭발 직후 2,000℃의 뜨거운 열풍이 초당 수백 미터의 속도로 도심을 덮쳤고, 무려 7만 명이 그 자리에서 사망하였다. 우리나라에 막대한 피해를 준 태풍 '루사'나 '매미'보다 훨씬 빠른 바람이 휘몰아치고 거기다 철을 녹일 정도로 뜨거운 열기까지 더해지니 폭탄의 위력은 상상하기 힘들 정도였다. 대부분의 생명체가 즉사한 것은 물론 건물들이 무너지는 등 도심은 반경 1.6km까지 초토화되었으며, 히로시마 상공에는 한동안 검은 버섯구름^{mushroom cloud}만 남아 있었다.

원자 폭탄의 상징과도 같은 버섯구름은 원폭운(原爆雲)이라고도 불리며, 온도 차이로 인해 형성된 압력이 공기를 순환시켜 만든 유체역학적 결과물이다. 폭탄이 폭발하면 주변 산소는 모두 연소되고 폭심지의 매우 높은 압력이 고온의 공기 덩어리를 밀어내며 순간적으로 진공에 가까운 상태가 된다. 기체는 온도가 높을수록 밀도가 낮기 때문에 마치 끓는 물속의 공기 방울처럼 위로 상승한다.

이때 상승 흐름의 중심으로 연기와 폭발 잔해물이 빨려 들어가며 기둥 모양이 형성되고 가장자리에서는 소용돌이가 만들어

태양보다 밝은 빛

미국은 첫 번째 원자 폭탄을 히로시마에, 3일 후 두 번째 원자 폭탄을 나가사키에 투하하였고, 일본 천황은 연합군 측에 무조건 항복 의사를 전달하였다.

진다. 그리고 어느 정도 높이까지 상승한 연기는 열기가 식어 온도가 주위 공기와 비슷해지고 반구 모양으로 서서히 퍼져 버섯 모양을 그린다. 이러한 공기 순환은 진공이 사라지고 근처 온도가 비슷해져서 밀도 차이가 사라질 때까지 계속된다. 이처럼 밀도가 서로 다른 물질이 뒤섞이며 불안정한 상태가 되는 현상을 레일리-테일러 불안정성Rayleigh-Taylor instability이라 한다.

핵폭탄과 원자력 발전

원자는 물질을 이루는 가장 작은 단위에 불과한데, 원자 폭탄은 어떻게 인류 역사를 바꿀 정도의 무시무시한 파괴력을 가지고 있을까? 그 비밀은 핵분열에 있다. 원자는 기본적으로 원자핵과 그것을 둘러싼 전자로 이루어져 있다. 우라늄, 플루토늄과 같은 중원소의 원자핵에 중성자를 충돌시키면 두 개의 원자핵으로 쪼개지는데, 이때 핵분열 전후 원자핵의 질량이 감소한 만큼 에너지가 발생한다. 이는 아인슈타인의 질량-에너지 등가 원리 mass-energy equivalence principal에 의해 수식 $E=mc^2$(m은 질량, c는 광속)으로 설명된다.

참고로 리틀 보이에 사용된 우라늄은 64kg이지만 이 중 불과 0.7g만 에너지로 변환되었다. 이토록 작은 질량의 우라늄이 엄청난 에너지로 변환될 수 있는 이유는 광속이 굉장히 빠르기 때문이다. 즉 $E=mc^2$에서 m이 작아도 c^2이 매우 큰 수치여서 어마어마한 E값을 얻을 수 있다. 만일 질량 1g을 완전히 에너지로 변환시킨다면 $E=mc^2=1g \times (299,792,458m/s)^2=8.987551787 \times 10^{13}J$이며, 이는 약 2,500명이 1년간 사용하는 전력량과 비슷하다.

아인슈타인은 제2차 세계 대전이 끝난 이듬 해인 1946년 7월, 타임지의 표지를 장식하며 과학계를 넘어 세계에서 가장 유명한 인물이 되었다.

한편 핵분열될 때 나온 2~3개의 중성자는 또 다른 원자핵과 충돌하여 연쇄적으로 핵분열이 발생한다. 이처럼 빠르게 진행되는 핵분열의 에너지를 이용한 무기가 원자 폭탄이며, 핵분열 속도를 천천히 제어하여 에너지원으로 사용하는 방식이 원자력 발전이다. 원자력 발전은 기본적으로 화력 발전 방식과 유사하다. 화력 발전은 물을 끓이는 에너지원으로 석탄을 이용하지만, 원자력 발전은 핵분열 시 발생하는 엄청난 열로 물을 끓일 뿐 뜨거운 증기로 터빈을 돌려 전기를 생산하는 점은 화력 발전과 동일하다.

원자 폭탄은 뜨거운 열기와 함께 강력한 후폭풍을 몰고 왔다. 폭발 압력으로 폭심지로부터 구형의 충격파shock wave가 형성되었으며, 화구(火球)는 폭발력으로 대기를 밀어내는 힘과 주변 대기가 막는 힘의 균형이 맞춰지는 크기로 결정된다. 하지만 원자 폭탄은 인류 역사상 처음으로 개발되는 것이어서 어느 누구도 정확한 위력을 예상할 수 없었다.

유체역학에 큰 업적을 남긴 영국의 물리학자이자 수학자 제프리 테일러Geoffrey Taylor는 신문에 실린 원자 폭탄의 폭발 후 사진만 보고 차원 해석dimensional analysis을 통해 폭발 에너지를 계산하였다. 차원 해석은 어떤 현상과 관련된 물리 변수들을 도출하고, 이들을 구성하는 기본 차원을 살펴 변수들의 관계를 개략적으로 파악하는 수학적 방법을 말한다.[1]

테일러는 우선 폭발로 인한 충격파가 구형으로 확산하며, 화구의 반경R은 폭발 에너지E, 공기 밀도ρ, 시간t에 의해 결정된다고 가정하였다. 이를 수식으로 나타내면 $R=f(E, \rho, t)$와 같다. 그리고 이 변수 4개를 조합하면 $\Pi=RE^{-1/5}\rho^{1/5}t^{-2/5}$와 같은 무차원 변수가 한 개 도출된다. 따라서 폭발 에너지와 공기 밀도가 일정한 경우, 화구 반경은 시간의 2/5제곱에 비례하여 증가한다는 결론을 내렸다. 이처럼 어떤 특정 상황에 적절한 변수들을 파이 그룹이라고 불리는 무차원 그룹으로 형성시키는 차원 분석의 한 방법을 버킹엄 파이 이론Buckingham π theorem이라 한다.[2]

1914년 미국의 물리학자 에드거 버킹엄Edgar Buckingham이 제안한 이 이론에 따르면 n개의 1차적 기본 차원(길이, 시간, 질량, 온도 등)을 포함하는 m개의 독립 변수는 m-n개의 무차원 변수를 만들 수 있다. 이는 유체의 흐름을 나타내는 여러 변수로부터 무차원 수를 얻을 수 있으며, 변수가 줄어든 만큼 전체 실험 횟수를 줄일 수 있다는 장점이 있다.

테일러가 폭발 사진만 보고 원자 폭탄의 위력을 계산한 것과 달리 이탈리아의 물리학자 엔리코 페르미는 종이 한 장으로 그 위력을 추정하였다. 원자 폭탄의 실전 투입 전 트리니티 실험Trinity test 장소에서 멀리 떨어진 곳에 서 있었던 그는 충격파가 몰려올 즈음 종잇조각을 공중에 날렸다. 약 2.5m를 날아간 종잇조각은 잠시 후 땅에 떨어졌고, 페르미는 그 변위로부터 핵폭탄의 위력을 추론했다.

값비싼 계측 장비 없이 종이와 연필만으로 대략적인 실험 결과를 빠르게 예측한 낭만의 시대였다. 당시 페르미가 추정한 값은 10kt였는데, 실제 폭탄의 위력은 20kt 정도였다. 두 배 차이가 나긴 했지만 지금처럼 정밀한 컴퓨터 계산이 불가능했던 시대에

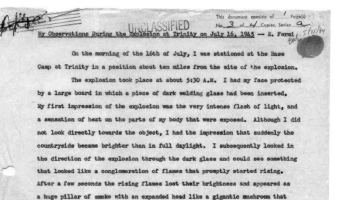

UNCLASSIFIED

My Observations During the Explosion at Trinity on July 16, 1945 — E. Fermi

On the morning of the 16th of July, I was stationed at the Base Camp at Trinity in a position about ten miles from the site of the explosion.

The explosion took place at about 5:30 A.M. I had my face protected by a large board in which a piece of dark welding glass had been inserted. My first impression of the explosion was the very intense flash of light, and a sensation of heat on the parts of my body that were exposed. Although I did not look directly towards the object, I had the impression that suddenly the countryside became brighter than in full daylight. I subsequently looked in the direction of the explosion through the dark glass and could see something that looked like a conglomeration of flames that promptly started rising. After a few seconds the rising flames lost their brightness and appeared as a huge pillar of smoke with an expanded head like a gigantic mushroom that

페르미가 현장에서 원자 폭탄의 위력을 계산했던 당시를 회고하며 남긴 기록

단순 계산으로 얻은 값 치고는 상당히 높은 정확도라 평가받았다. 페르미가 사망한 지 70여 년이 지난 2021년 미국 워싱턴대학교 물리학과 조나단 카츠Jonathan Katz 교수는 페르미가 남긴 메모로부터 그가 어떤 과정을 통해 원자 폭탄의 위력을 계산했는지 추측한 논문을 발표하였다.[3]

이처럼 기초 지식과 논리적인 추론을 통해 단시간 내에 답을 구하는 방식을 페르미 추정Fermi estimation 또는 추측guess과 평가 estimation를 합쳐 게스티메이션guesstimation이라 부른다. 또한 디자이너들이 불현듯 떠오른 아이디어를 냅킨에 스케치하듯 과학자들은 메모지에 간단한 계산을 하는데, 이를 봉투 뒷면 계산back of the envelope calculation이라 한다.

이는 한때 외국 기업의 면접시험에서 지원자들의 논리적 사고

능력을 평가하기 위한 질문으로 널리 알려졌다. 예를 들어 버스에 골프공이 몇 개 들어갈까? 뉴욕의 피아노 조율사는 몇 명일까? 바닷물의 무게는 얼마일까? 와 같은 질문으로, 정확한 답을 맞추는 것보다 적절한 가정을 통해 논리적으로 답을 도출하는 과정을 더욱 중요하게 생각한다. 페르미 추정은 특히 공학 설계에서 큰 의미를 가진다. 최종 설계 단계가 아닌 중간 과정에서는 오랜 시간을 들여 정확한 수치를 구하는 것보다 대략적인 값이라도 추론하여 빠른 의사 결정을 해야 하는 경우가 많기 때문이다.

9장

✳

조각난 우주여행의 꿈

챌린저호 폭발

(1986년 1월 28일)

우주 왕복선 챌린저호는 인류의 성공적인 달 착륙 이후 서서히 식어 가던 우주에 대한 관심과 열기를 되살릴 수 있는 절호의 기회였다. 왕복선이라는 이름에 걸맞게 이미 수차례 우주에 다녀왔지만 일반인이 우주 왕복선에 탑승하는 것은 처음이었기 때문이다. 우주에서 미국 전역의 학생들에게 수업을 진행하기 위해 교사 크리스타 매콜리프가 무려 12,000대 1의 경쟁률을 뚫고 우주 비행사로 선발되었다. 하지만 챌린저호는 이륙 73초 만에 굉음과 함께 폭발하였다. 탑승자 7명은 모두 사망하였고, 폭발과 함께 우주 탐험에 대한 꿈도 산산이 부서졌다.

조각난 우주여행의 꿈

펩시와 테트리스

제2차 세계 대전이 끝난 후 최강국이 된 미국과 소련은 냉전 시대에 끊임없이 서로를 견제하고 경쟁하면서도 생활과 밀접한 민간 교류는 꾸준히 이어 갔다. 대표적인 예가 자본주의의 상징이자 욕망의 맛으로 불렸던 콜라다. 1959년에는 소련 모스크바에서 개최된 미국 박람회에서 소련의 총리 니키타 흐루쇼프 Nikita Khrushchyov가 펩시 콜라를 마시는 모습이 전 세계에 보도되었다. 당시 펩시의 해외 영업부문 사장 도널드 켄들Donald Kendall이 오랜 친구 리처드 닉슨Richard Nixon 부통령에게 부탁하여 성사된 만남이었다. 어느 광고보다도 강렬한 인상을 남긴 펩시는 1972년 냉랭한 분위기 속에서 자본주의 상품으로는 처음으로 공산주의 시장에 침투하였다. 소련의 해체 직후인 1992년 코카콜라가 소련에 진입하기 전까지 펩시는 소련의 젊은이들에게 폭발적인 인기를 끌었다.

하지만 화폐 가치가 떨어진 소련은 펩시에 대금을 지불하지 못하였고, 그 대신 자국의 자랑인 스톨리치나야 보드카의 독점 유통권을 주었다. 또한 경제 불안이 계속되던 소련은 1990년 17척의 잠수함을 비롯하여 냉전 시대에 과도하게 보유하고 있던 군

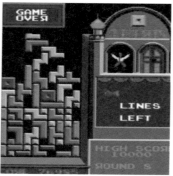

냉전 시대의 민간 교류를 상징했던 미국의 펩시(좌)와 소련의 테트리스(우)

사 장비를 펩시에 넘겼다. 그 결과 펩시는 한 기업으로 한때 세계 6위권의 군사력을 가지게 되었다.

한편 펩시와 반대로 소련에서 미국으로 흘러들어간 문화도 있다. 소련의 천재 프로그래머 알렉세이 파지노프Alexey Pajitnov가 만든 비디오 게임 테트리스Tetris다. 모스크바공과대학교 수학과를 졸업한 파지노프는 1984년 정사각형 5개를 이어붙인 도형으로 모양을 만드는 전통 퍼즐 게임 펜토미노Pentomino를 개량하여 게임 역사에 길이 남을 전설을 제작하였다. 테트리스는 각기 다른 모양의 블록이 아래로 떨어질 때 틈에 맞는 블록을 끼우는 매우 단순한 방식이지만 공간 지각 능력을 향상시키는 등 두뇌 발달에 도움을 준다는 연구 결과도 있다.

미국 뉴멕시코대학교 신경외과 연구진은 청소년을 대상으로 3개월간 하루 30분씩 테트리스를 하게 했고, 그들의 뇌를 자기

공명영상장치Magnetic Resonance Imaging로 촬영하였다. 그 결과 테트리스를 한 그룹의 좌측 전두엽과 측두엽의 피질이 두꺼워진 것을 확인하였다. 이는 회색질이 늘었다는 의미로 회색질은 대뇌반구의 바깥쪽 표면을 싸고 있으며 정보처리 기능을 담당하는 것으로 알려져 있다.[1]

또한 미국에는 소련이 만든 가장 성공적인 무기가 테트리스라는 이야기가 있다. 이는 테트리스에 중독된 미국 사람들이 일을 제대로 수행하지 못해 생겨난 농담이다. 이처럼 사람들이 특정 활동에 너무 많은 시간과 관심을 기울여 사고, 심상 및 상상을 패턴화하는 것을 테트리스 증후군Tetris syndrome이라 한다. 예를 들어 오랜 기간 테트리스를 한 사람은 슈퍼마켓 선반 위 상자나 거리의 건물 같은 현실 세계에서 무의식적으로 서로 다른 모양이 어떻게 결합될 수 있는지 생각한다.

펩시와 테트리스는 미국과 소련 문화의 상징으로 여겨지지만, 사실 두 나라 사이의 일상적인 교류를 보여주는 아이템에 불과하다. 실제로 두 나라는 오랜 기간 광활한 공간에서 막대한 인력과 예산을 가지고 치열하며 살벌한 경쟁을 지속해왔다. 그 공간은 바로 우주다.

소련이 쏘아 올린 커다란 공

1957년 10월 4일 소련 상공에 수박만 한 공 하나가 높이 떠올랐다. 그 공은 곧 지구로 우주 최초의 메시지를 보내왔다. "삐... 삐... 삐..." 별다른 뜻 없는 짧은 소리였지만 미국인들은 엄청난 충격을 받았다. 신호를 보낸 공이 세계 최고의 기술력을 보유하고 있다고 자부한 미국의 것이 아니었기 때문이다. 그 장치는 소련이 쏘아 올린 세계 최초의 인공위성 스푸트니크^{Sputnik}였다. 미국인들은 스푸트니크를 만든 나라가 경쟁국 소련이라는 사실에 더욱 큰 공포를 느꼈다. 인공위성에 핵무기를 올려 아메리카 대륙에 떨어뜨릴 수 있다는 현실적인 이유에서였다.

'여행의 동반자'라는 뜻의 스푸트니크는 소련이 극비리에 제작한 인공위성으로 무게는 83.6kg에 불과하지만 20세기 중후반 전 세계를 뜨겁게 달군 우주 경쟁$^{Space\ Race}$의 시발점이 되었다. 미국과 소련의 자존심 대결

소련이 만든 인공위성 스푸트니크는 우주 시대를 활짝 열었다.

조각난 우주여행의 꿈

은 인류 역사상 과학 기술의 가장 급격한 성장을 이끌기도 하였다. 미국의 대통령 드와이트 아이젠하워$^{Dwight\ Eisenhower}$는 스푸트니크 충격$^{Sputnik\ crisis}$에 급히 두 개의 국가 기구 설립을 지시했는데, 바로 국방고등연구계획국^{DARPA}과 항공우주국^{NASA}이다. 국방고등연구계획국은 국방부 산하의 R&D 기획, 평가 및 관리를 전담하는 기관으로 인터넷의 원조인 아르파넷$^{ARPA\ Net}$을 처음 개발한 곳으로 널리 알려져 있다. 또한 NASA는 현대 우주 개발의 아이콘으로 자리매김하며, 우주 탐사 활동과 우주선에 관한 연구 개발에 중추적인 역할을 하고 있다.

이처럼 미국이 부랴부랴 우주 경쟁에 뛰어들었지만, 소련의 기술력은 한발 더 앞서 있었다. 같은 해 11월 3일, 소련이 세계 최초로 생명체를 우주로 내보내며 미국은 다시 한번 공황에 빠졌다. 우주선에 탑승한 것은 사람이 아닌 강아지 '라이카'였지만 머지않아 소련은 사람을 우주로 보내는 꿈을 현실화시켰다.

미국도 가만히 있지만은 않았다. 미 해군은 뱅가드 로켓$^{Vanguard\ rocket}$ 계획을 급히 진행시켜 12월 6일 뱅가드 TV3을 발사하였다. 하지만 너무 성급했던 것일까? 안타깝게도 로켓은 발사 4초 만에 폭발하였다. 연소실에 있던 고온의 가스가 연료 분사 장치^{injector}의 낮은 압력 때문에 연료통으로 새어 들어간 것이다. 로켓이 산산조각 나는 폭발 장면은 TV로 생중계되었고, 미국은 또다시 굴욕을 맛보았다.

존 에프 케네디가 라이스대학교에서 "우리는 달에 가기로 결정했습니다."라며 남긴 연설은 아폴로 시대의 개막을 알렸다.

    하지만 미국에게 더 이상 물러설 곳은 없었다. 1961년 4월 소련이 인류 최초로 우주 비행사 유리 가가린^{Yurii Gagarin}을 우주로 보내자 같은 해 5월 존 에프 케네디^{John Fitzgerald Kennedy} 대통령은 1960년대가 끝나기 전에 인간을 달에 보냈다가 무사히 지구로 귀환시키는 아폴로 계획^{Apollo program}을 발표하였다. 당시 기술력을 감안하면 구체적이고 현실적인 계획이라기보다 수단과 방법을 가리지 않고 무조건 소련을 이기겠다는 생각뿐이었을 것이다. 그 후 NASA에는 말 그대로 천문학적 비용이 투입되었다. 1965년 NASA의 예산은 미국 국내총생산(GDP)의 0.75%, 당시 한국 GDP의 150%에 해당한다.

    정부의 적극적인 지원 하에 아폴로 7호부터 유인 우주선 발사

조각난 우주여행의 꿈

가 시작되었으며, 8호는 사람을 태우고 달 궤도를 도는 임무를 수행하였다. 아폴로 9호에서는 처음으로 달 착륙선에 사람이 탑승했으며, 착륙선이 계획에 맞게 제대로 제작되었는지 확인하였다. 그리고 아폴로 10호는 달에 착륙하는 것을 제외한 모든 계획을 수행하였는데, 이는 사실상 아폴로 11호의 예행연습이었다. 마침내 1969년 7월 20일, 아폴로 11호에 탑승한 닐 암스트롱^{Neil Armstrong}은 무사히 달에 발을 내디디며 "이것은 한 인간에게는 작은 한 걸음이지만 인류에게는 위대한 도약이다."라는 멋진 소감으로 미국의 자존심을 한껏 세워 주었다.

간발의 차이로 1등을 놓친 2등 마라토너는 경기가 끝나면 금세 잊히고 만다. 많은 사람들이 인류 최초로 달에 발자국을 남긴 닐 암스트롱의 이름은 또렷이 기억하지만 바로 뒤따른 버즈 올드린Buzz Aldrin을 기억하는 사람은 드물다. 인도 영화 <세 얼간이3 Idiots>에서 비루 총장이 '2등은 아무도 기억하지 않는다'라고 이야기하며 예로 든 인물이 올드린이다. 올드린은 아폴로 11호의 승무원으로, 암스트롱에 이어서 인류 역사상 두 번째로 달을 밟았다. 그리고 그 이전에 올드린은 어린 시절부터 노년까지 평생 우주를 위해 살아온 영원한 우주인이다.

1930년 1월 20일 미국 뉴저지주에서 태어난 올드린은 보이스카우트에 입단하여 우주 비행사의 꿈을 키웠다. 1951년 육군사관학교 기계공학과를 3등으로 졸업한 그는 공군 대령이었던 아버지의 영향을 받아 공군 조종장교로 임관하였다. 또한 한국 전쟁에도 조종사로 참전하여 66회의 전투 임무를 수행하였다. 당시 두 대의 미그기를 격추하여 특등항공십자가훈장Distinguished Flying Cross을 받는 등 그 공로를 인정받았다.

이후 올드린은 MIT에서 <유인 궤도 랑데부를 위한 가시선 유

미국의 우주 비행사 올드린은 비운의 2인자가 아닌 우주 개척 시대의 선구자였다.

도 기술^{Line-of-Sight Guidance Techniques for Manned Orbital Rendezvous}>에 대

한 논문으로 박사 학위를 취득하였다. 이는 조종 중인 우주선을

서로 가깝게 만드는 기술로 도킹^{docking}에 필수적인 역할을 한다.

이러한 연구를 바탕으로 올드린은 NASA의 우주 비행사로 선발

되었다. 1966년에는 '제미니 12'의 승무원으로 선발되어 5시간

의 성공적인 우주 유영으로 달나라에 갈 준비를 마쳤다.

　운명의 1969년 7월 16일, 암스트롱 선장과 올드린, 마이클 콜

린스^{Michael Collins} 등 세 명의 우주인은 아폴로 11호를 타고 달로

향했다. 아폴로 11호는 지구를 한 바퀴 반 정도 돈 후에 시속 약

40,000km의 속도로 우주를 날아갔다. 7월 20일 오후 10시 56

분, 마침내 아폴로 11호의 달착륙선인 이글호가 달에 무사히 착

륙했다. 그리고 6시간 반이 지난 후 암스트롱에 이어 올드린도

달 표면에 역사적인 발자국을 남겼다. 한편 콜린스는 사령선에 남아 달의 궤도를 도는 임무를 부여받아 달에 내리지 못하였다. 훗날 그는 '달의 뒤편을 아는 사람은 신과 나뿐이다'라며 본인의 업무를 묵묵히 수행한 것에 만족하였다.

인류 최초의 달 착륙이라는 위대한 임무를 마치고 지구로 무사히 귀환한 뒤, 암스트롱은 대학교수로 비교적 조용한 삶을 살았던 반면 올드린은 각종 강연과 행사에 참여하는 등 우주 홍보에 적극적이었다. 또한 2016년 개봉한 영화 <마스: 화성으로 가는 길Passage to Mars>에 본인 역할로 출연하였다. 2022년 7월 26일에는 올드린이 아폴로 11호에서 입었던 우주복이 뉴욕 소더비 경매에서 약 35억 원에 낙찰되며 화제를 모았다. 올드린은 달 착륙에 있어서는 2인자였지만 평생 누구보다도 활발히 우주 개발에 열정을 쏟은 NASA의 원로로 여전히 존경받고 있다.

조각난 우주여행의 꿈

우주 왕복선의 탄생과 폭발

　미국의 달 착륙 선점으로 우주 경쟁은 사실상 막을 내렸다. 하지만 역사상 가장 뜨거웠던 1960년대를 보낸 NASA는 영광스러운 승리 이후 아이러니하게도 내리막길을 걷게 되었다. 소련과의 경쟁이 사라지며 우주에 대한 관심도 식고, 예산 역시 급격히 감소하였기 때문이다. 막중한 임무를 충실히 완수한 NASA는 줄어든 예산만큼이나 그 역할도 축소되었다. 토끼를 잡고 나면 쓸모없어진 사냥개를 잡아먹는다는 토사구팽(兎死狗烹)의 일화대로 NASA는 즙을 다 짜낸 오렌지처럼 '이용 가치가 없어진 것squeezed orange'이다.

　실제로 막대한 지원을 받으며 최신 우주 기술을 선도한 NASA는 라이벌 소련이 망한 이후 연구비 지원이 지속적으로 줄어들었다. 우주 경쟁이 최고조에 달하던 1966년 미 연방 예산의 4.41%에 해당하던 연구비는 달 착륙 직후인 1970년 1.92%로 절반도 안 되게 줄었으며, 1975년부터는 1%도 채 되지 않았다. 그나마도 2010년대 들어서는 0.5% 내외의 수준으로 더욱 감소하였다. NASA가 자랑하던 상당수의 세계적 연구 시설도 운영비가 없어서 다른 정부 기관이나 민간에 넘어갔다. 예를 들어 실

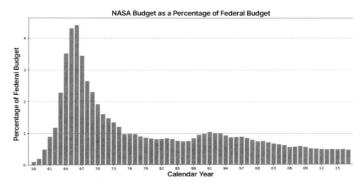

1966년을 정점으로 해마다 낮아지는 연방 예산 대비 NASA 연구비 비율(%)

물 전투기가 들어갈 수 있는 세계 최대 규모의 풍동 National Full-Scale Aerodynamics Complex 은 미 공군에서 임대하여 운영 중이다.

또한 NASA가 계획 중이던 화성 탐사 등 대부분의 프로젝트는 줄어든 예산 때문에 연구를 제대로 수행할 수 없었다. 그 와중에 거의 유일하게 진행 가능했던 프로젝트가 우주 왕복선 space shuttle이다. 1981년 4월 12일 첫 번째 우주 왕복선 컬럼비아호는 달에 다녀온 베테랑 우주 비행사 존 영 John Young과 로버트 크리픈 Robert Crippen을 태우고 이틀 동안 지구를 무려 37바퀴 돈 뒤 돌아왔다. 그 기간 동안 미지에 가까운 무중력 상태가 인간의 신경계에 미치는 영향에 대해 실험하였다.

1983년에는 두 번째 우주 왕복선 챌린저호도 첫 비행을 성공적으로 마치며 우주 탐험 대열에 합류하였다. 우주 왕복선은 첫 발사 이후 5년 동안 20회 넘게 별 문제없이 비행하였다. 이제 우주를 오가는 일은 일상이 되었다. 하지만 일상에서도 무시무시한 사고는 얼마든지 일어날 수 있다는 사실을 확인하는 데 그리 오랜 시간이 걸리지 않았다.

1986년 1월 28일 날씨는 평소보다 추웠지만 반대로 우주에 대한 열망은 그 어느 때보다 뜨거웠다. 지난 5년간 우주 왕복선이 지구와 우주를 수십 차례 오갔지만 이번 운행은 특별한 의미를 가졌기 때문이다. NASA는 아이들에게 우주에 대한 꿈을 심어 주기 위해 고등학교 교사 크리스타 매콜리프Christa McAuliffe를 우주 비행사로 선발하였다. 그리고 역사상 처음으로 우주에서 원격으로 지구의 학생들에게 수업을 진행할 계획이었다. 이는 TV로 생중계될 정도로 미국인들의 관심이 집중되었다. 하지만 그 수업은 진행되지 못했다. 챌린저호가 이륙 73초 만에 폭발하며, 승무원 7명 모두 사망하였기 때문이다. TV로 비극적인 모습을 지켜보던 학생들은 크나큰 충격에 말을 잃었다.[2]

세계 최고의 기술력을 보유하고 있던 NASA에서 어떻게 돌이킬 수 없는 끔찍한 사건이 벌어진 것일까? 챌린저호 폭발의 원인을 살펴보기 전에 먼저 비행체의 추진 원리를 이해할 필요가 있다. 비행체는 종류에 따라 추진 방식이 다른데, 가장 대표적인 비행기는 일반적으로 제트 엔진jet engine으로 추진력을 얻는다. 제트 엔진은 연료와 산소가 연소하면서 발생한 가스를 고속으로 분출하며, 그 반동으로 추진력을 얻는 장치다. 흡입한 공기를 압축하면 압력뿐 아니라 온도가 올라가는데, 뜨거워진 공기는 액적 형태로 분사된 연료와 뒤섞이고 점화 후 연소된 기체가 터빈을 지나면 고온, 고압으로 팽창한다. 팽창된 공기는 터빈을 회전시켜 압축기 및 엔진에 동력을 공급하고, 가는 관^{nozzle}을 통과하면서 강하게 내뿜어진다. 그리고 분사 가스에 의한 반작용으로 비행기가 앞으로 나아간다.

로켓도 연료를 연소하여 발생시킨 고온, 고압의 가스로 추력을 얻는 원리는 비행기와 동일하다. 하지만 대기 중의 산소를 흡입하여 연소에 활용하는 제트 엔진과 달리 로켓 엔진은 연소를 위한 별도의 산소통이 필요하다. 우주 공간에는 공기가 없기 때문이다. 또한 비행기는 수평으로 달리다가 날개를 이용해 이륙하지만, 로켓은 오로지 분사 가스의 추력만으로 수직 상승해야 하므

우주 왕복선은 장거리 비행을 해야 하므로 본체와 외부연료탱크 외에 고체로켓부스터로 초기 연료 공급을 담당한다.

조각난 우주여행의 꿈

로 중심 잡기가 매우 어렵고 더욱 강력한 에너지가 필요하다.

우주 왕복선은 로켓보다 복잡한 구조를 가지고 있는데, 기본적으로 본체^{orbiter}, 외부연료탱크$^{external\ tank}$, 두 개의 고체로켓부스터$^{solid\ rocket\ booster}$로 구성되어 있다. 발사 초기에는 길이 45m, 직경 3.7m의 원통형이며 무게는 약 50톤인 고체로켓부스터의 고체 연료를 이용하여 가속이 이루어진다. 고체 연료는 단시간에 연료량 대비 큰 추력을 얻을 수 있다는 장점이 있다. 하지만 한번 점화되면 중간에 멈출 수 없고 제어가 어려워서 폭발 위험성도 크다.

부스터는 발사 2분 후 고도 46km 지점에서 고체 연료를 모두 소모하면 분리되어 바다로 떨어지도록 설계되었다. 우주 왕복선 전체 무게를 줄임으로써 적은 양의 연료로 운행하기에 수월해진다. 고체 연료가 연소된 이후에는 외부연료탱크 속 액체 수소와 액체 산소를 본체에 공급한다. 수소와 산소는 고체 연료보다 상대적으로 부피가 크고 초저온 상태라서 다루기 까다롭지만 연소 효율이 매우 높다는 장점이 있다.

챌린저호의 폭발은 초기 연료 공급을 담당하는 고체로켓부스터에서 비롯되었다. 우측 부스터의 틈에서 새어 나온 가스로 인해 발생한 화염이 외부연료탱크를 태워 액체 수소가 누설되기 시작하였다. 곧이어 부스터 하단의 지지대가 떨어지며 연료 탱크와 부딪혀 수소 유출을 가속화시켰다. 그리고 가벼워진 수소

챌린저호 폭발 직후 찍은 사진. 어느 누구도 예상하지 못했던 챌린저호의 폭발로 우주 개발 계획도 흰 연기처럼 사라졌다.

탱크는 바로 위 산소 탱크를 그대로 가격하였다. 이로 인해 다량의 수소와 산소가 순식간에 폭발하면서 마침내 챌린저호는 우주 탐험의 꿈과 함께 산산조각이 났다.

조각난 우주여행의 꿈

파인만과 오링

챌린저호의 폭발은 미국은 물론 전 세계를 충격에 빠지게 만들었다. 미국 정부는 사고 과정과 원인을 면밀히 조사하기 위해 즉각 대통령 산하 사고조사위원회Rogers Commission를 구성하였다. 회장으로 전 국무장관 윌리엄 로저스William Rogers, 부회장으로 은퇴한 우주 비행사 닐 암스트롱을 비롯하여 노벨 물리학상 수상자 리처드 파인만Richard Feynman 등 각계 전문가들이 위원으로 다수 참여하였다. 하지만 14km 상공에서 터져 시속 300km로 바다에 떨어진 거대한 기계 장치의 잔해로부터 사고 발생의 원인을 찾는 작업은 무척 어려웠다. 사고조사위원회는 청문회를 비롯하여 수개월 간의 조사 끝에 마침내 우주 왕복선의 수많은 부품 중 하나인 오링O-ring에 결정적 결함이 있었음을 밝혀냈다.

고체로켓부스터는 여러 원통형 용기들이 연결되는 구조로 그 사이에 틈이 존재한다. 점화 직후 부스터 내부 압력이 높아지면 고무 재질의 오링은 적절하게 변형되면서 그 틈을 막아 연료가 새는 것을 방지한다. 최대 출력이 이루어지는 순간, 일명 맥스큐Max-Q에 도달할 때 압력도 최고치에 달하므로 이 시점을 굳건히 견뎌야 한다.

파인만은 공청회 현장에서 오링과 얼음물만으로 우주 왕복선 폭발의 원인을 명확히 설명하였다.

하지만 고무는 고분자 화합물의 일종으로 온도에 따라 물리적 특성이 매우 민감하게 달라진다. 다시 말해 고무는 온도가 높으면 부드러워지고 반대로 낮은 온도에서는 탄성을 잃고 딱딱해진다. 심지어 초저온에서는 금이 가서 깨지기도 한다. 상온의 고무공을 땅에 떨어뜨리면 다시 위로 튀어 오르지만, 영하 200℃의 액체 질소에 보관하였다가 꺼낸 고무공은 땅에 닿는 순간 유리처럼 부서진다.

평소 심오한 과학 이론도 알기 쉽게 설명하는 데에 탁월한 파인만은 대중들의 이해를 돕기 위해 공청회에서 이 원리를 간단한 방법으로 시연하였다. 파인만은 오링과 같은 고무 재질의 고리를 반 바퀴 돌려 8자 모양으로 만든 뒤 죔쇠^{clamp}로 고정시켰

조각난 우주여행의 꿈

다. 그리고 고리를 얼음물에 잠시 담갔다가 꺼내 죔쇠를 풀었지만 고리는 원래 상태로 돌아가지 않았다. 즉 낮은 온도에서는 고무로 만든 오링이 단단히 굳어 밀폐 기능을 제대로 수행할 수 없다는 사실을 단번에 눈으로 확인시켜 준 것이다.

우주 왕복선 발사 당일 최저 기온은 영하 1℃로 발사대에 고드름까지 주렁주렁 달릴 정도였다. 또한 오전에 발생한 화재 감지 시스템 문제로 챌린저호는 발사대에 2시간 넘게 방치되었다. 이로 인해 탄성을 잃어 유연성을 확보하지 못한 오링은 점화 후 부스터 내의 가스로부터 지속적인 압력을 받고 파손되었다. 결과적으로 이음새 틈으로 새어 나온 가스가 끔찍한 폭발의 단서가 된 것이다. 두께 6.4mm에 불과한 오링은 사소해 보이는 부품이지만 고온에서 급격히 팽창하는 기체의 특성으로 인해 유체 기계에서 무척 중요한 역할을 담당한다. 또한 작은 틈만 있으면 어디로든 새는 유체의 누설을 막을 수 있는 가장 간단하면서도 효과적인 수단이기도 하다.[3]

챌린저호의 비극은 다방면에 여러 교훈을 남겼다. 공학 설계에서는 작은 실수도 결코 용납되지 않으므로 더욱 철저한 준비가 요구되었고, 당시 미리 설계 결함을 지적한 협력업체와 NASA 간의 원활하지 않은 의사소통 문제 등도 수면 위로 떠올랐다. 한편 2019년 노벨 경제학상 수상자이자 미국 하버드대학교 경제학과 마이클 크레이머Michael Kremer 교수는 챌린저호에서 아이디어를 얻어 경제 발전의 모델인 오링 이론$^{\text{O-ring theory}}$을 확립하였다. 이 이론은 첨단 기술을 바탕으로 한 제품일수록 작은 결함 하나로 인해 생산 과정 전체가 실패로 돌아갈 수 있음을 시사한다. 그리고 대담하고 솔직한 파인만 덕분에 중대한 문제점을 감추지 않고 그대로 드러내어 작성한 보고서는 이후 사고 조사의 모범 사례로 남았다.

우주 개척이라는 꿈에 부풀어 시작된 초대형 프로젝트는 우주 개발 역사에 크게 기록될 비극적인 사건으로 중단되었다. 이후 우주 왕복선은 사람들의 관심 밖에서 몇 차례 더 운행되었으나 경제성과 안정성 문제로 2011년 7월 8일 아틀란티스호의 마지막 비행을 끝으로 역사 속으로 사라졌다.

조각난 우주여행의 꿈

다시 인류를 달로

아르테미스^{Artemis}는 그리스 신화에 나오는 올림포스 12신 중 하나로 사냥, 숲, 달 등과 관련된 여신이다. 또한 아폴로의 쌍둥이 남매이기도 하다. 1969년 아폴로 계획으로 암스트롱이 달에 착륙한 지 50여 년이 지나 미국은 후속 프로젝트로 다시 한번 인류를 달에 보내기 위해 아르테미스 계획^{Artemis Program}을 진행 중이다. 이 계획은 달에 유인 탐사와 우주 정거장 건설을 목표로 한다.

이 계획은 NASA뿐 아니라 세계 각국의 우주 기구와 민간 기업들까지 함께 수행하는 거대 국제 프로젝트로 단순히 인류를 달에 보내는 것이 목표였던 아폴로 계획보다 미래지향적으로 확장된 목적을 가진다. 우선 달에 일회성이 아닌 지속적인 방문과 광범위한 탐사가 가능하게 하는 것이 아르테미스 계획의 가장 중요한 목표다. 이를 위해 달에 우주 정거장 루나 게이트웨이^{Lunar Orbital Platform-Gateway}를 건설할 예정이다. 지구가 아닌 천체에 처음으로 세워질 루나 게이트웨이는 달은 물론 화성 탐사의 전초 기지 역할을 담당한다. 즉 아르테미스 계획은 궁극적으로 달을 화성 및 기타 행성 탐사의 발판으로 삼아 우주 개발의 영역을 넓힌다는 의미를 가지고 있다.

아르테미스 계획의 핵심 목표는 인간을 다시 달에 보내 자원을 개발하고, 향후 먼 우주로 나아가기 위한 전초 기지를 마련하는 것이다.

참고로 우리나라는 2021년 5월 아르테미스 계획을 추진하기 위한 국제 협력 원칙인 아르테미스 협정Artemis Accords에 서명함으로써 미국이 주도하는 아르테미스 계획에 정식으로 합류하였다. 이 협정은 평화적인 달 탐사, 모든 회원국이 사용할 수 있는 탐사 시스템 개발, 우주 발사체 등록, 유사 시 상호 협조, 과학 데이터 공개, 우주 탐사의 역사적 장소 보존, 우주 쓰레기 처리 등 10가지 조항을 담고 있으며, 일본, 영국, 호주, 캐나다, 이탈리아 등 20여 개국이 협정을 맺었다.

2022년 11월 16일 아르테미스 1호 로켓이 5번의 시도 끝에 발사에 성공하면서 반세기만의 달 탐사에 첫 발을 내딛었다. 이로써 달과 화성 등으로 인류의 영역을 확장하는 진정한 의미의 우주 시대가 열리며, 앞으로도 인류의 위대한 도전은 계속될 것이다.

◆ 맺으며

'흐름의 과학'인 유체역학으로 바라본 인류의 역사는 성공 또는 실패의 기록이다. 흔든다는 것은 어디로든 쉽게 움직일 수 있다는 의미이고, 다시 말해 통제가 어렵다는 뜻이기도 하다. 빗물은 누수의 형태로 어디선가 끊임없이 새어 나오고, 칼바람은 당당히 바늘 구멍을 뚫는다.

라이트 형제는 하늘을 개척하여 지구를 축소시켰고, 로마 제국의 수로와 후버 댐은 물을 다스려 수백만 명의 목숨을 구했다. 만일 유체역학 기술의 발전이 없었다면 아직도 지구 반대편까지 배를 타고 가야 할뿐더러 깨끗한 식수를 구하기 위해 하루 종일 이리저리 뛰어다녀야 했을지도 모른다. 문명의 이기는 분명 우리의 삶을 평안하고 안락하게 만들어 주었다.

하지만 안타깝게도 타이타닉은 깊은 바닷속으로 가라앉았고, 챌린저호는 수만 미터 상공에서 터져 산산조각이 났다. 원자 폭탄은 지긋지긋한 전쟁을 한 방에 끝냈지만 인류에게 돌이킬 수 없는 비극을 남기기도 하였다.

한편 핵분열이라는 자연 현상은 핵폭탄처럼 패망의 용도로 사용될 수 있지만 반대로 인류를 구원할 원자력 기술로 활용될 수도 있다. 따라서 과학 기술의 꾸준한 발전 중에도 갑작스레 발생하는 재난은 뼈아픈 상처이지만, 다시는 반복하지 않기 위해 기록하고 기억해야 하는 숙제다.

역사를 단순히 지나간 일로 치부하지 않고 되돌아보는 것은 인류를 올바른 방향으로 이끌기 위한 필수 과제다. 과학은 인류가 어떻게 휘두르느냐에 따라 문명을 파멸시킬 수도, 반대로 성장시킬 수도 있는 양날의 검이기 때문이다. 그리고 그 칼날의 방향은 이제 우리 손에 달려 있다.

"인류에게 가장 큰 비극은 지나간 역사에서
아무런 교훈도 얻지 못하는 것이다."

– 아널드 토인비 –

맺으며

◆참고 자료

1장

1 스티븐 솔로몬, "물의 세계사", 민음사
2 대한송유관공사 홈페이지 https://www.dopco.co.kr
3 K-water 홈페이지 https://www.kwater.or.kr
4 F Ali et al., "The Effectiveness of Microbubble Technology in The Quality Improvement of Raw Water Sample", Materials Science and Engineering, 2021

2장

1 Gharib, M et al., "Leonardo's Vision of flow Visualization", Experiments in Fluids, 2002
   모테자 가립 교수 연구실 홈페이지 https://www.gharib.caltech.edu
2 조영일 외, "생체유체역학", 야스미디어
3 마틴 켐프, "레오나르도 다빈치 - 그와 함께한 50년", GABOOKS
4 Rajesh K. Bhagat et al., "On the origin of the circular hydraulic jump in a thin liquid film", J. Fluid Mech., 2018
5 R. J. Adrian, "Particle-imaging techniques for experimental fluid mechanics", Annual review of fluid mechanics, 1991
6 Christian Veldhuis, "Leonardo's Paradox: Path and Shape Instabilities of Particles and Bubbles", 2007
7 Detlef Lohse, "Bubble Puzzles", Nonlinear Phenomena in Complex Systems, 2006

3장

1 데이비드 헐리히, "세상에서 가장 우아한 두바퀴 탈것", 알마

2 데이비드 매컬로, "라이트 형제", 승산

3 최종수 외, "풍동의 역사와 종류", 2011, 기계저널

4장

1 Jennifer Hooper McCarty & Tim Foecke, "What Really Sank the Titanic: New Forensic Discoveries", Citadel Press

2 Havelock, T. H. "LIX. Forced surface-waves on water", The London, Edinburgh, and Dublin Philosophical Magazine and Journal of Science, 1929

3 오상호, "파도는 어떻게 만들어지나요?", 지성사

4 Jeffrey W. Stettler & Brian S. Thomas, "Flooding and structural forensic analysis of the sinking of the RMS Titanic", Ships and Offshore Structures, 2013

5 National Geographic, "Titanic: The Final Word with James Cameron", 2012

6 공길영, "선박항해용어사전", 한국해양대학교

5장

1 강석기, "식물은 어떻게 작물이 되었나", MiD

2 조강래 외, "유체역학", 한국맥그로힐

3 E. N. DA C. ANDRADE, "The Viscosity of Liquids", Nature, 1930

4 Sutherland, William, "LII. The viscosity of gases and molecular force", The London, Edinburgh, and Dublin Philosophical Magazine and Journal of Science, 1893

5 Stephen Puleo, "Dark Tide", Houghton Mifflin
스티픈 풀러 홈페이지 https://www.stephenpuleo.com

6 Sharp, Nicole et al., "In a sea of sticky molasses: The physics of the Boston Molasses Flood", APS Division of Fluid Dynamics, 2016

7 Brian Gettelfinger and E. L. Cussler, "Will Humans Swim

Faster or Slower in Syrup?", Am. Inst. Chem. Eng. J., 2004

6장

1 김지룡, "사물의 민낯", 애플북스
2 한국시멘트협회 홈페이지 http://www.cement.or.kr

7장

1 Ian Reid & Andrew Zisserman, "Goal-directed video metrology", European Conference on Computer Vision, 1996
2 Lydéric Bocquet, "The physics of stone skipping", American Journal of Physics, 2003
3 Clanet C, Hersen F, Bocquet L, "Secrets of successful stone-skipping", Nature, 2004
4 Truscott, T. T., Belden, J. & Hurd, R., "Water-skipping stones and spheres", Physics Today, 2014
5 조홍식, "루어낚시 첫 걸음 민물편", 예조원

8장

1 George Batchelor, "The Life and Legacy of G. I. Taylor", Cambridge University Press
2 Taylor, Sir G. "The Formation of a Blast Wave by a Very Intense Explosion. I. Theoretical Discussion", Proceedings of the Royal Society A, 1950
   Taylor, Sir G. "The Formation of a Blast Wave by a Very Intense Explosion. II. The Atomic Explosion of 1945", Proceedings of the Royal Society A, 1950
3 J. I. Katz, "Fermi at Trinity", Nuclear Technology, 2021

9장

1 Richard J Haier et al., "MRI assessment of cortical thickness and functional activity changes in adolescent girls following

참고 자료

three months of practice on a visual-spatial task", BMC Research Notes, 2009

2 다큐멘터리 <챌린저: 마지막 비행>

3 리처드 파인만, "발견하는 즐거움", 승산

흐르는 것들의 역사

'다빈치'부터 '타이타닉'까지
유체역학으로 바라본 인류사

초판 1쇄 인쇄	2022년 11월 22일
초판 1쇄 발행	2022년 11월 30일

지은이	송현수
펴낸이	최종현
기획	김동출
편집	최종현
교정	윤동현
경영지원	유정훈
디자인	김진희

펴낸곳	(주)엠아이디미디어		
주소	서울특별시 마포구 신촌로 162 1202호		
전화	(02) 704-3448	팩스	(02) 6351-3448
이메일	mid@bookmid.com	홈페이지	www.bookmid.com
등록	제2011 - 000250호		

ISBN   979-11-90116-74-9 03420

이 시리즈는 해동과학문화재단의 지원을 받아
한국공학한림원과 MID가 발간합니다.